AF533116

Freilandterrarien für Schlangen

Martin Hallmen

175 Fotos
6 Zeichnungen

Natur und Tier - Verlag

Bildnachweis Umschlag
Titelbild: Freilandterrarium von Helmut Kreyerhoff Foto: H. Kreyerhoff
Hintergrund: *Elaphe guttata* Foto: M. Hallmen
Rückseite: Freilandterrarienbau 3 Fotos: M. Hallmen

2. Auflage 2011

ISBN 978-3-86659-161-5

An der Kleimannbrücke 39/41
48157 Münster
Geschäftsführung: Matthias Schmidt
Lektorat: Kriton Kunz und Heiko Werning
Layout: Ludger Hogeback
Druck: Alföldi, Debrecen

Für meine Frau Martina und meine Kinder Lena, Sarah und Jonas, die meine Hobbys liebevoll tolerieren.

Für meine Eltern Karl & Magdalene Hallmen, die mir schon als Kind den Zugang zur Natur ermöglichten.

In Gedenken an meinen „Schlangenfreund" und Mentor in Sachen Freilandterrarien Udo Strathemann, der die Fertigstellung dieses Buches leider nicht mehr erleben durfte.

Inhaltsverzeichnis

Vorwort

Reptilienfreianlagen – viele Menschen, darunter wohl die meisten Reptilienfreunde, verspüren sofort ihre magische Anziehungskraft. Tiere, die man sonst nur aus zoologischen Gärten, Vivarien oder privaten Terrarien kennt, zeigen sich unter „fast natürlichen“ Bedingungen. Ein ganz besonderer Reiz geht dabei von jenen Anlagen aus, die Schlangen beherbergen. Grund dafür mag zum einen sein, dass Gelegenheiten zu ihrer Beobachtung in der Natur in unserer mitteleuropäischen Kulturlandschaft extrem selten gewordenen sind. Zum anderen hatte der Mensch aber schon von alters her zu Schlangen ein besonders, meist ambivalentes Verhältnis.

Manchen, der diese „Faszination Freilandterrarium“ erfahren hat, lässt sie nie mehr los (ich selbst muss mich uneingeschränkt zu jener Spezies Mensch bekennen). Er wird über kurz oder lang einen Weg finden, sich auf die ein oder andere Weise seinen Traum zu verwirklichen. Dieses Buch soll Ihnen Animation, Inspiration, Hilfestellung und Leitfaden sein. Es enthält eine Fülle von Ideen und die Erfahrungswerte zahlreicher Ausführungen von Freilandterrarien für Schlangen. Dennoch bietet es trotz aller praktischen Hinweise und Tipps keine fertigen Bauanleitungen. Die Erfahrung zeigt, dass es *das* „Freilandterrarium für Schlangen“ nicht gibt. Jede Anlage, die ich im Rahmen meiner Recherchen besichtigen durfte, ist ein Unikat, eine einmalige, sehr spezielle und persönliche Lösung für die spezifischen Anforderungen am jeweiligen Standort. Bereits ein erster Blick auf die Bilder wird dies verdeutlichen.

Das Buch richtet sich vorrangig an den interessierten Hobbyterrarianer. Die Voraussetzung etwa an Platzbedarf und Finanzmitteln sind für eher kleinere Anlagen ausgelegt. Auf die Vorstellung aufwändiger und teurer Mess- und Regeltechnik verzichte ich daher bewusst. Dennoch werden auch professionelle Anlagen in Wort und Bild vorgestellt, denn aus ihnen lässt sich viel lernen. So wird denn auch der Profi in diesem Buch vielleicht noch den einen oder anderen Aspekt seiner Arbeit neu erfahren können. Zu den Schilderungen technischer Verfahren und Abläufe muss ich anmerken, dass ich kein Handwerker bin, sondern nur Hobbybastler – der Albtraum eines jeden Profi! Ich möchte daher schon vorab die Handwerker-Innung für den stellenweisen Dilettantismus um Nachsicht bitten.

Der größte Dank gebührt meiner Frau Martina und meinen Kindern Lena, Sarah und Jonas, denn sie mussten während all der langen Schreibtischarbeit auf ihren Ehemann/Vater verzichten. Meinen beiden Lektoren Heiko Werning (Berlin) und Kriton Kunz (Speyer) danke ich sehr herzlich für die kritische Durchsicht des Manuskriptes, zahlreiche Anregungen für Verbesserungen und die Freiheiten, die sie mir als Autor gewährten. Meiner Frau Martina Hallmen (Erlensee) danke ich für zahlreiche und geduldige Korrekturen am Manuskript, die sie neben der Betreuung unserer drei Kinder stets zu leisten bereit war.

Udo Strathemann (Bad Salzuflen), der sich schon lange mit Schlangenfreianlagen beschäftigt, danke ich für viele wertvolle Informationen über Anlagen, für die bereitwillige Überlassung zahlreicher Bilder sowie eine Vielzahl weiterer Hinweise und Tipps. Für bereitwillige und ausführliche Auskünfte über ihre Anlagen und/oder die Erlaubnis, diese fotografieren zu dürfen, danke ich Dr. Steven Bol (Honselersdijk, Niederlande), Harald G. Haberle (Stuttgarter Wilhelma), Gerhard Hallmann (Dortmund), Helga Happ (Klagenfurt, Österreich), Heinz B. Heidt (Detmold), Andreas S. Hennig (Leipzig), Dr. Axel Jaenicke (Hameln), Ralf Kamp (Bielefeld), Guido Kreiner (Pfungstadt), Volker Kötter (Bad Salzuflen), Helmut Kreyerhoff (Borken), Alfred Lücke (Scheidegg), Piet Mantel (Aalsmeer, Niederlande), Dr. Frank Mittenzwei (Biber), Kurt Orth (Gießen), Gernot Pechlaner, Dr. Dirk Ullrich & Robert Rauch (Alpenzoo Innsbruck, Österreich), Clemens Radspieler (Stauberberg-Prienbach), Günter & Frank Schirmer (Freilandaquarium & Terrarium Stein bei Nürnberg), Dr. Almuth

Schmidt (Bad Honnef), Ralf Seemann (Halle/ Saale), Eckhard Stange (Leipzig), Paul Heinrich Stettler (Bern, Schweiz), Udo Strathemann (Bad Salzuflen), Andrea & Dietmar Trobisch (Bilkheim), Gerd Vogelmann (Pforzheim), Aart van Wijk (Uithoorn, Niederlande), Peter Zürcher (Reptilienzoo Nockalm, Patergassen, Österreich). Für die exotischen Beispiele danke ich Andreas S. Hennig (Leipzig) und Johannes Penner (Würzburg) für die Überlassung ihrer Fotos sowie zahlreiche hilfreiche Informationen. Für weitere wichtige Hinweise danke ich Johann De Smedt (Füssen). Ein besonderer Dank gilt ebenfalls Herrn Dietrich Rössel (Frankfurt) für seine Hilfe beim Erkunden der rechtlichen Grundlagen.

Erlensee, Herbst 2002
Martin Hallmen

Der Autor

Martin Hallmen, 43 Jahre, Studium der Biologie und Geografie an der Johann-Wolfgang-von-Goethe-Universität in Frankfurt am Main, seit 1987 Lehrer am Franziskaner-Gymnasium Kreuzburg in Großkrotzenburg bei Hanau, Leiter des dortigen Schulvivariums und des Schulbiologischen Hymenopteren-Zentrums.

Versierter Halter unterschiedlicher Wassernattern, Autor von mehr als 70 Fachartikeln in nationalen und internationalen Zeitschriften, Autor des Buches „Strumpfbandnattern“ (2001) im Natur und Tier - Verlag, Redakteur der Zeitschrift „The Garter Snake“, dem Publikationsorgan der European Garter Snake Association.

Besuch zahlreicher Freilandterrarien für Schlangen im In- und Ausland, 1999 Bau einer eigenen privaten Freianlage für Schlangen.

Einleitung

Freilandterrarien für Reptilien sind seit langem bekannt und beliebt. Besonders bei den Haltern von Landschildkröten waren sie schon immer weit verbreitet. Das mag aus Zeiten stammen, in denen die klassische, die Griechische Landschildkröte (*Testudo hermanni*) für ein 5-DM-Stück und auch genau in dieser Größe in Massen in den Zoofachgeschäften erhältlich war. Daher beschäftigen sich auch die meisten schriftlichen Bauanleitungen, Erfahrungsberichte und Bilddokumentationen mit Freilandanlagen für Schildkröten (z. B. HENKEL & SCHMIDT 1997, EBERLING 2001). Erst wer tiefer in die Freilandterraristik einsteigt, wird gewahr, dass es für die verschiedensten Gruppen von Terrarientieren, d. h. für Reptilien, aber auch für Amphibien, entsprechende Freilandterrarien gibt. So werden von manchen Autoren vor allem Echsen (z. B. HENKEL & SCHMIDT 1998, SCHMIDT-LOSKE 1998, FILITZ 2000a, b), Froschlurche (z. B. HENKEL & SCHMIDT 1998, SCHECKLER 2001) oder auch Schwanzlurche (HENKEL & SCHMIDT 1998) in Freilandanlagen gehalten.

Im Vergleich dazu fristen die wenigen Freilandterrarien für Schlangen in Zoos oder Privatgärten im Bewusstsein der Terraristiköffentlichkeit eher ein Schattendasein. Wenngleich bereits der Klassiker im Bücherregal der Freilandterraristik, „Das Freilandterrarium" von JOHANNES JAHN (1921), ausdrücklich Schlangen zum Besatz für Freilandterrarien empfiehlt und auch andere ausführlichere Arbeiten über Freilandterrarien für Reptilien wie die von HEIDT (1983) oder HENKEL & SCHMIDT (1998) immer wieder Schlangenarten nennen, die regelmäßig in Freianlagen gehalten werden, so sind sie in deutschen Gärten immer noch recht selten anzutreffen. Und doch: Die Haltung von Schlangen im Freiland ist klar im Aufwind. In den letzten Jahren wächst die Zahl entsprechender Anlagen im öffentlichen wie im privaten Bereich stetig. Schriftliche Erfahrungsberichte mehren sich. Das Thema entwickelt sich allmählich zu etwas mehr als nur einer Randnotiz in wissenschaftlichen Arbeiten unter „Material und Methode". Als Ausgangspunkt des neuerlichen Aufschwungs der Schlangenhaltung im Freiland sind wohl die Arbeiten von STRATHEMANN (1986, 1995a–c, 2000a, 2001a–b, 2002) über den Bau und die Erfahrungen mit seiner Schlangenfreianlage anzusehen. BOL (1997a, b) und ich selbst (HALLMEN 2000a–c, 2001a–d, 2002a–d, 2003) durften diesen Faden mit einigen Aufsätzen aufgreifen, den inzwischen auch andere Autoren weiterspinnen. Erste Sachbücher über Schlangen führten einzelne Abschnitte (MUTSCHMANN 1995) oder ganze Kapitel (HALLMEN & CHLEBOWY 2001) zur Haltung der Tiere im Freiland an, und inzwischen werden in der Literatur bereits Detailfragen diskutiert. Folglich war es nur konsequent, die vorhandenen Kenntnisse zu Bau und Betrieb eines Freilandterrariums für Schlangen zusammenzufassen und durch zahlreiche mündlich gewonnene Informationen zu einem Gesamtwerk zu ergänzen, dem ersten nun vorliegenden Buch über Freilandterrarien für Schlangen.

1. Faszination Freilandterrarium

Was ist ein Freilandterrarium?

Natürlich ist jedem klar, was unter einem „Freilandterrarium“ zu verstehen ist. Bei näherer Betrachtung ist die vermeintliche Klarheit des Begriffes jedoch schnell dahin. Wird ein Zimmerterrarium, das für Stunden, Tage oder Wochen während des Sommers in den Garten oder auf den Balkon gestellt wird, bereits zum „Freilandterrarium“? Handelt es sich bei einem Gewächshaus im Garten, in dem Schlangen ganzjährig ohne Heizung und sonstige technische Mittel gehalten werden, um ein „Freiterrarium“? Ist eine Freianlage, in die ein Gewächshaus integriert ist, zu dem die Tiere wahlweise Zugang haben, noch eine echte „Freianlage“?

Das Erstellen einer Systematik aller Freilandterrarien wird zusätzlich dadurch erschwert, dass es sich fast ausnahmslos um sehr individuelle Anfertigungen als Lösung für unterschiedlichste Anforderungen an den verschiedensten Standorten handelt, wie schon erwähnt. Eine Verallgemeinerung als Grundlage für eine Typisierung scheint angesichts dieser Tatsache fast schon paradox; zumindest ergibt sich das schale Gefühl, der immensen Vielfalt nicht gerecht zu werden. Dennoch möchte ich zumindest einige Ansätze für eine Begriffsdefinition des „Freilandterrariums“ liefern sowie einige Aspekte zur weiteren Differenzierung ansprechen.

Der Begriff „Freilandterrarium“ wird häufig verwendet, aber nur äußerst selten definiert. Selbst einer der Altmeister der Freianlagen für Reptilien, Johannes JAHN, geht in seinem Klassiker „Das Freilandterrarium“ (1921) nicht näher auf eine Begriffserklärung ein. Ähnlich wie ihm reichen auch den meisten anderen Autoren eine bloße Gegenüberstellung von Zimmerterrarium und Freilandterrarium als Abgrenzung. Einer der wenigen neu-

Freilandterrarien aus Stein bei Nürnberg aus dem Jahr 1932 Foto: Freilandaquarium und Terrarium Stein

Kleines „Freilandhäuschen“ für Reptilien
Foto: U. Strathemann

eren Ansätze findet sich in RIECK (2001). In seinem historischen Abriss der Entstehungs- und Entwicklungsgeschichte der Terrarien schreibt er:

„Ein Freilandterrarium ist eine im Außenbereich, z. B. Garten, angelegte oben offene Anlage. Sie kann aber zum Schutz der in ihr gehaltenen Tiere oben mit einem Gitter, Maschennetz oder Ähnlichem abgedeckt sein. Nach den Seiten hin ist sie mit einer Mauer, Palisaden oder Ähnlichem gegen Überklettern durch die Insassen gesichert. Oft ist sie, um ein besseres Klima zu erreichen, ein wenig in den Boden eingesenkt. Entsprechend der in ihr gehaltenen Tiere stellt ihre Einrichtung einen möglichst naturnahen Ausschnitt dar.“ (RIECK 2001)

Aufgrund meiner eigenen Erfahrungen würde ich den Begriff „Freilandterrarium“ noch weiter fassen, habe ich doch zahlreiche unstrittig zu den Freiterrarien zählende Anlagen gesehen, die z. B. im Gegensatz zur Definition von RIECK nicht nur aus Angst vor Fressfeinden oben hermetisch verschlossen waren. Ganz vorsichtig würde ich heute ein Freilandterrarium als einen fest umrissenen Ort im Freien bezeichnen, dessen Bewohner (nicht nur Reptilien) durch bauliche Maßnahmen an der Flucht gehindert werden und der einen nahezu maximalen Einfluss natürlicher Umweltfaktoren zum Wohle der gepflegten Tiere ermöglicht. Jedwede weitere Vorgabe (z. B. Größe, Innengestaltung, Abdeckung oder verwendete Materialien) wäre eine Einschränkung, die einigen der bestehenden und z. T. in diesem Buch abgebildeten Anlagen nicht gerecht würde. Demzufolge schließe ich z. B. Anlagen auf Balkonen, in Kellerschächten, auf Garagendächern, aber auch oben genannte Gewächshäuser mit in meine Überlegungen ein. Normale Zimmerterrarien, die in den Sommermonaten als „Freiluftterrarien“ ins Freie gestellt werden (Filitz 2000a), möchte ich jedoch nicht unter die Freilandterrarien einreihen.

Warum ein Freilandterrarium?

Den meisten Reptilienfreunden geht beim Anblick eines schön gestalteten Freilandterrariums das Herz auf, und für sie bedarf die Existenz einer solchen Anlage keiner weiteren Rechtfertigung. Doch neben dem z. T. schwer zu fassenden Wert als emotionale Erlebniswelt für „ausgeflippte“ Terrarianer muss es auch gute rationale Gründe für den Bau eines Freilandterrariums für Reptilien geben, denn der Aufwand für eine solche Anlage ist in den meisten Fällen nicht unerheblich. So braucht man als Planer und möglicher Erbauer eines Freilandterrariums zur Beruhigung des eigenen Gewissens, aber auch zur Argumentation gegenüber manchen Mitmenschen (z. B. Lebenspartnern) gute Gründe, die den Bau einer Freianlage für Reptilien rechtfertigen.

Die Faszination eines Schlangenfreiterrariums geht von den Möglichkeiten zu sehr naturnahen Tierbeobachtungen aus. Künstliche Vorgaben wie Beleuchtungsdauer oder Wärmequellen fallen weg oder werden nur ergänzend verwendet. Das Terrarium ist dem Rhythmus des Tagesablaufes sowie allen Erscheinungsformen der Jahreszeiten ausgesetzt. Wind und Wetter in ihrer vollen Spannbreite wirken nahezu ohne menschlichen Einfluss auf die Anlage ein. Folglich stellen sich die im Freiterrarium gehaltenen Tiere auf die natürlichen Rhythmen ein. Alle Lebensäußerungen der Tiere verlaufen synchron zum Wettergeschehen und den Jahreszeiten. Natürliche Verhaltenszyklen werden sichtbar. Somit kann das Freilandterrarium durchaus wichtige Hinweise auf das Verhalten der Tiere in der Natur liefern. Die heimischen Schlangen gehören zu den am stärksten gefährdeten Wirbeltieren unserer Fauna. Ihre Beobachtung ist sehr schwierig geworden und setzt eine intime Kenntnis der jeweiligen Arten und Lokalitäten voraus. Beobachtungen in Freilandterrarien als Ersatz für Begegnungen in freier Natur sind daher auch für wissenschaftliche Studien von Interesse. Ist die Anlage entsprechend groß und natürlich eingerichtet, so können die Beobachtungen im „Naturschutzgebiet en miniature" wichtige Erkenntnisse über einzelne Reptilienarten bringen. Wird die Anlage unterschiedlichen Biotopansprüchen gerecht, so lassen sich sogar Arten vergesellschaften.

Freilandterrarien können der Gesundheit von Reptilien sehr zuträglich sein. Grund hiefür ist in erster Linie die natürliche Sonneneinstrahlung, die durch kein noch so ausgeklügeltes System künstlicher Lichtquellen wirklich ersetzt werden kann. Für manche Reptilienleiden verschreiben Tierärzte regelrechte „Sonnenkuren", und Freilandterrarien werden dann zu „Reptiliensanatorien". Dieser positive Effekt greift sowohl bei ganzjährig in der Freianlage gehaltenen Tieren als auch bei Sommergästen. Hinzu kommt bei einer reich strukturierten Einrichtung einer solchen Anlage eine sehr breit gefächerte Auswahl an Sonn- und Ruheplätzen. Es bilden sich viele wohl dosierte Mikroklimate, wie sie in Zimmerterrarien so nicht herzustellen sind (STRATHEMANN 1995a). Die Reptilien können sich jeweils den zu ihrem momentanen Bedürfnis passenden Platz aussuchen. Darüber hinaus erfahren sie für einen Teil des Jahres oder ganzjährig den natürlichen Rhythmus der Jahreszeiten, wie oben schon erwähnt. Das kann einen hormonellen Stimulus für den Fortpflanzungstrieb auslösen und bei mancher Art zu besseren Zuchtergebnissen führen. Für Arten aus kühleren Regionen ist die Überwinterung in einer dafür vorbereiteten Freianlage ebenfalls natürlicher (Temperaturen, Dauer, Feuchtigkeit usw.) (MANTEL 1987). Ein Aufenthalt in einem Freilandterrarium kann sich folglich für zahlreiche Arten positiv auf Gesundheit und Vermehrung auswirken. Es wird noch näher zu erörtern sein, dass es für andere Arten einen umgekehrten Effekt gibt.

Auch einige ganz praktische Überlegungen sprechen für die Haltung von Reptilien in einem Freilandterrarium. Für den Halter ergibt sich, dass Freilandterrarien deutlich pflegeleichter sind als Zimmerterrarien. Da sie in der Regel keine künstliche Beleuchtung oder Beheizung benötigen, verbrauchen sie auch wesentlich weniger bis gar keine Energie. Für einige Arten gelangen natürliche Futterquellen in Form von zufliegenden oder in den Behälter kriechenden Futtertieren passend zur Saison und gratis direkt vors Maul der Pfleglinge. Allen Fotografen unter den Reptilienhaltern

Bereits im Januar lassen sich im Freilandterrarium Schlangen beobachten. Foto: M. Hallmen

Freilandterrarien erlauben naturnahe Fotografien von Schlangen (hier: *Thamnophis sirtalis tetrataenia*). Foto: M. Hallmen

bietet die Freianlage ideale Voraussetzungen. Schwierigkeiten mit Kunstlicht oder unnatürlich wirkende Bildarrangements gibt es nicht. Lichtverhältnisse, Verhalten und Lokalitäten sind bei entsprechender Gestaltung des Freilandterrariums nahezu naturidentisch. Hinzu kommt eine zumeist geringere Fluchtdistanz der Tiere im Vergleich zum Freiland. Fotos aus natürlich eingerichteten Freianlagen sind von echten Freilandbildern nicht zu unterscheiden. Tierfotografen und Tierfilmer machen sich diesen „Trick" schon lange zunutze. Neben diesen pragmatischen Gesichtspunkten genügen viele Freilandterrarien aber auch ästhetischen Ansprüchen. Ein Stück „heile Natur" zu betrachten, ist schön. So kann eine Reptilienfreianlage auch zum „Sanatorium" für den Besitzer werden. Es ist auch ein Ort der Muße, der inneren Einkehr und erfrischt Geist und Seele – in einer immer hektischer werdenden Zeit ein nicht zu unterschätzender Aspekt.

Freilandterrarien sind hervorragend dazu geeignet, Amphibien und Reptilien einem breiteren Teil der Bevölkerung näher zu bringen. Sie bieten naturidentische Beobachtungsmöglichkeiten, quasi mit Erfolgsgarantie. Besonders Kinder und Jugendliche können hier Tiere in natürlicher Umgebung erfahren und begreifen, die sie später schützen sollen. Die Natur selbst wird dabei geschont. Längst haben zahlreiche Menschen, die Öffentlichkeitsarbeit im Naturschutz betreiben, diese Chance erkannt (SCHMIDT & LENZ 2001). Freilandterrarien sind daher prädestiniert für öffentliche Einrichtungen wie Zoos, aber auch für Schulgärten. Ein durch Veröffentlichungen bekannt gewordenes Beispiel ist die Betreuung einer Anlage für Würfelnattern (*Natrix tessellata*) durch eine Schülerarbeitsgruppe im Rahmen der begleitenden Öffentlichkeitsarbeit zum Projekt „Erprobungs- und Entwicklungsvorhaben ‚Würfelnatter' der DGHT im Auftrag und mit Förderung des Bundesamtes für Naturschutz und der Umweltministerien von Rheinland-Pfalz und Sachsen" (SCHMIDT & LENZ 2001). Das sich mit solchen Freianlagen auch Geld in Form von Spenden oder Eintrittsgeldern verdienen lässt, belegen zahlreiche der im Rahmen dieses Buches vorgestellte Anlagen von Vereinen und Zoos.

Natürlich zähle ich hier gerne alle Vorteile auf. Aber ehrlicherweise muss gesagt werden, dass es auch einige Nachteile gibt, die nicht unberücksichtigt bleiben dürfen. So ist z. B. unstrittig, dass der Bau eines Freilandterrariums mit einem erheblichen Zeit- und Kostenaufwand verbunden ist. Darüber hinaus können sich die naturnahen Bedingungen auch negativ auf die Insassen auswirken, denn die Haltung ist den Mechanismen der natürlichen Selektion (z. B. harte Winter, lange Regenperioden, Parasitenbefall usw.) ein Stück näher gerückt. Als Konsequenz können sich je nach gehaltenen Arten einige Vorteile auch ins Gegenteil verkehren. So ist es z. B. möglich, dass die Tiere eine geringere Lebenserwartung aufweisen. Es können sich auch geringere Zuchterfolge im Vergleich zur Haltung in Zimmerterrarien ergeben. Im Krankheitsfalle sind Diagnose und Therapie erschwert, denn die direkten Einflussmöglichkeiten sind aufgrund der zumeist zahlreichen Verstecke je nach gehaltener Art stark reduziert. Der Zugang zu den Tieren ist längst nicht so direkt und schnell wie im Zimmerterrarium.

Typen von Freilandterrarien

Auf der Basis dieser sehr allgemeinen Definition lassen sich zahlreiche weitere Typen von Freilandterrarien unterscheiden. Zuerst kann man nach den darin gehaltenen Tieren z. B. Amphibien-, Schildkröten-, Echsen- oder Schlangenfreianlagen unterscheiden. Darunter gibt es Anlagen, in denen nur eine Art/Unterart gehalten wird. In Gesellschaftsanlagen hält man Vertreter unterschiedlicher Arten/Unterarten, Gattungen, Familien oder gar Klassen.

Je nach den Ausmaßen der Freilandterrarien lassen sich Groß- von Klein- und Kleinstanlagen unterscheiden. Eine Großanlage umfasst meist deutlich mehr als 20 m^2 Grundfläche. Sie kann z. B. einen ganzen Garten mit einbeziehen (HENKEL & SCHMIDT 1998). Kleinanlagen zwischen 1 und 20 m^2 Fläche sind vor allem im privaten Bereich die am häufigsten zu findenden Freilandterrarien. Als Kleinstanlagen können Freilandterrarien unter 1 m^2 angesehen werden, bei denen es sich z. B. um herkömmliche Zimmerterrarien handelt, die für eine Freilandhaltung hergerichtet wurden. Je nach verwendeten Baumaterialien lassen sich massive Freilandterrarien von z. B. Folienterrarien abgrenzen. Erstere gehören in der Regel zur Gruppe der permanenten Freilandterrarien, bei letzteren kann es sich um temporäre Anlagen handeln, die nur für Monate oder wenige Jahre eingerichtet werden. Sehr variabel in den genannten Punkten ist das von mir entwickelte Vario-Freilandterrarium (HALLMEN 2002d), das in diesem Buch vorgestellt wird.

Weitere Unterscheidungsmerkmale können z. B. die Orte sein, an denen die Freilandterrarien stehen. Die Pa-

Kleine Freilandterrarien für Schlangen im Garten Foto: M. Hallmen

Betoniertes und damit permanentes Freilandterrarium für Schlangen
Foto: M. Hallmen

Temporär oder permanent zu betreibende Anlage Foto: U. Strathemann

Anlehngewächshaus zur Haltung von Schlangen Foto: M. Hallmen

lette reicht vom Garten über die Terrasse (Hallmen 2000b,), den Balkon oder den Lichtschacht eines Kellerfensters bis hin zu einem Garagendach (Orth 2001, Zöllner 2002). Auch in Parkanlagen, Zoos, ja selbst in freier Natur werden zuweilen Freilandterrarien eingerichtet. Nach der Lage des Bodens unterscheiden sich Grubenanlagen (Henkel & Schmidt 1997) von ebenerdigen Anlagen (Henkel & Schmidt 1998). Ich möchte dem noch Hügelanlagen hinzufügen, die nach einer Seite oder zur Mitte hin deutlich über den ebenen Boden ragen. Je nach Verweildauer der in den Anlagen gehaltenen Tiere lassen sich Sommerfreianlagen von Ganzjahresanlagen unterscheiden. Anhand des mit ihr verbundenen Zweckes kann man z. B. Zuchtanlagen von Forschungsanlagen oder solchen unterscheiden, die „nur“ dem Zweck der privaten Haltung und persönlichen Erbauung durch naturnahe Beobachtungen dienen.

Professionelle Freilandterrarien sind solche, deren Betreiber sich beruflich um die Pflege ihrer Bewohner kümmern. Amateure (wörtlich: Liebhaber) haben in der Regel andere Voraussetzungen für die Arbeit in ihren Freilandterrarien. Eine Wertung lässt sich aus den letztgenannten Begriffen nicht ableiten: Ich fand bei Amateuren wie bei Profis sowohl hervorragende wie weniger gut gelungene und betriebene Freilandterrarien! Eng angelehnt ist in der Regel die Unterscheidung in öffentliche und private Freilandterrarien. Öffentliche Anlagen werden z. B. von Kommunen, Gesellschaften, Vereinen oder auch Einzelpersonen betrieben und können – meist gegen ein Entgeld oder eine Spende – von Interessenten zu festen Öffnungszeiten besichtigt werden. Privatanlagen fristen meist ein Dasein „im Verborgenen“. Sie sind in der Regel nur über persönliche Kontakte zu den Besitzern zugänglich.

Schließlich und endlich lassen sich Freilandterrarien in Anlehnung an die Einteilung von Zimmerterrarien nach ihrer Inneneinrichtung und den darin gestalteten Biotopen z. B. in Trocken-, Feucht- oder Gebirgsanlagen unterscheiden. Eine Kategorie für sich stellen Gewächshausanlagen dar, in denen Tiere den Sommer über oder ganzjährig gehalten werden (HALLMEN 2001c). Man unterscheidet Anlehngewächshäuser (STRATHEMANN 1997, 2001c) von frei stehenden Konstruktionen. Ich persönlich tue mich etwas schwer damit, zum Innenraum eines Hauses hin offene Anlehngewächshäuser noch als „Freilandterrarien“ anzusehen. Nach der Art der Tierhaltung lassen sich Anlagen, in denen die Tiere frei herumlaufen, von jenen unterscheiden, in denen sie innerhalb des Gewächshauses in separaten Einzelterrarien untergebracht sind. Es gibt auch interessante Mischformen. Zu diesen zählen kombinierte Innen- und Außenterrarien, bei denen die Tiere im Sommer freien Zugang zu beiden Anlagenteilen haben, den Winter jedoch im geschützten Innenteil verbringen (ZÖLLNER 2002).

Freilandterrarium für Schlangen in einem Vorgarten Foto: E. Stange

Freilandterrarien für Schlangen

Was für Amphibien- und Reptilienfreilandterrarien allgemein gilt, trifft in der Regel auch auf Schlangenfreianlagen zu. Und doch unterscheiden sie sich mindestens in einem wesentlichen Punkt, der das Halten von Schlangen in Freianlagen zur „hohen Schule“ der Freilandterraristik macht: Schlangen sind die Houdinis unter den ohnehin schon als ausbruchsfreudig bekannten Reptilien! Sie finden jedes noch so kleine Loch und nutzen jede Unebenheit der Wand, um zu entkommen. Und gegen Jungschlangen von z. B. Wassernattern ist nahezu kein Kraut gewachsen, denn sie haften bei Feuchtigkeit adhäsiv an jeder glatten Unterlage und überwinden selbst waagrechte Abweiskanten aus Glas (so viel vorab: Auch hierfür finden sich in diesem Buch Lösungen!). Diese Tatsache ist hinlänglich bekannt, und wohl die meisten Schlangenhalter haben sie – meist leidvoll – erfahren; sie kann dennoch nicht oft genug betont werden. Auf die Umrandung muss daher bei Freilandterrarien für Schlangen besonderes Augenmerk gerichtet werden.

Eine weitere Besonderheit bei der Haltung von Schlangen im Freien ist, dass einige der Pfleglinge giftig sein können (z. B. die europäischen Vipern). Subjektiv und objektiv macht dies einen erheblichen Unterschied zur Haltung von Schildkröten, Echsen oder anderen Reptilien. Die Problematik der Haltung von Giftschlangen im Freien wird noch gesondert zu diskutieren sein, aber wo sie denn in begründeten Ausnahmefällen erfolgt, muss die absolute Sicherheit vor Ausbrüchen der Schlangen sowie vor Einbrüchen von Fressfeinden unbedingt gewährleistet sein.

Trotz all dieser Hindernisse: Wer die hohe Schule der Freilandterraristik erlernt – und es ist einfacher als man denkt –, wird durch faszinierende Einblicke in das „wahre Leben“ der Schlangen reichlich belohnt!

2. Grundsätzliche Überlegungen vor Baubeginn

Von guten und schlechten Planern

Es ist nicht jedem gegeben, Bauprojekte – und seien es auch nur kleinere – zu planen und die Arbeiten dann auch auszuführen. Nicht umsonst gibt es Fachfirmen und professionelle Planer. Doch für den Bau eines Freilandterrariums muss man keineswegs studiert haben – je nach Studienfach ist das im Gegenteil eher hinderlich. Und auch nicht jeder do-it-yourself-Handwerker ist auch ein guter Planer und Stratege im Organisieren von effektiver und zielgerichteter Arbeit. Schlechte Planer neigen dazu, schnell zu handeln und Fakten zu schaffen. Sie überspringen Planungs- und Konzeptphasen und realisieren gleich die erstbeste Idee. Eine Gesamtvorstellung des Vorhabens wächst – wenn überhaupt – beim Tun. Aufkommende Ideen müssen sich dabei häufig genug den bereits geschaffenen Vorgaben anpassen bzw. mögliche Ideen sind von Beginn an eingeschränkt. Es kommt auch oft genug vor, dass schlechte Planer sogar den Rückwärtsgang einlegen müssen, weil sie in einer technischen Sackgasse angelangt sind. Sie verlieren dann viel Zeit, von der sie glaubten, sie beim Überspringen einer fundierten Planung eingespart zu haben.

Handskizze für den Bau eines Freilandterrariums für Schlangen
Zeichnung: A. van Wijk

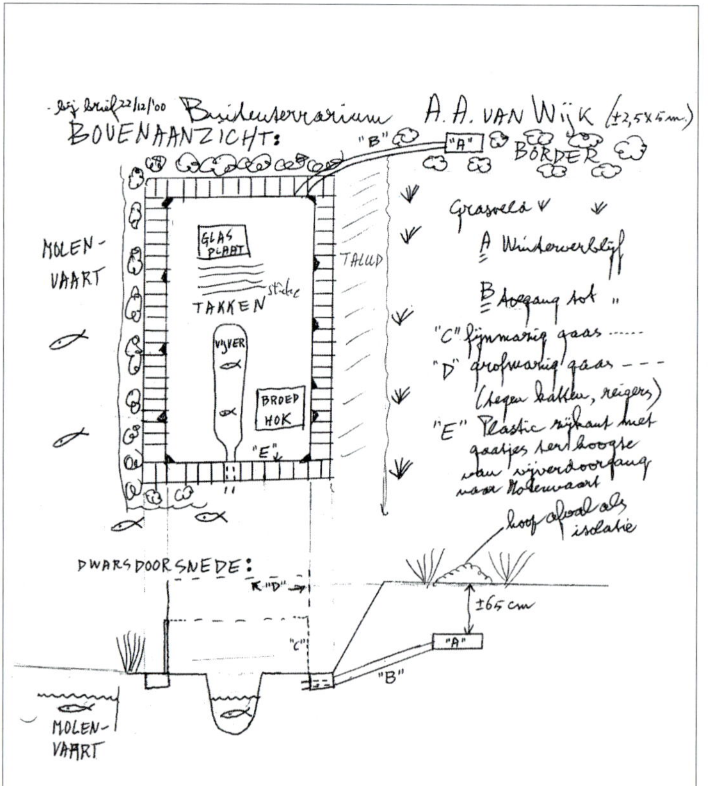

Gute Planer arbeiten anders. Sie halten sich an ein bewährtes Planungsraster, an eine Schrittfolge von Entscheidungen. Sie lenken ihren Tatendrang in konstruktive Bahnen. Sie machen keinesfalls den dritten Schritt vor dem ersten. Für sie steht am Anfang der Plan, dann folgt das Konzept, wie dieser Plan zu verwirklichen ist, und nun erst beginnt die Ausführung des Vorhabens.

Zu Beginn der Planungsphase müssen Ideen auf den Tisch; und zwar alle! Zunächst gibt es keine Tabus wie z. B. „zu teuer", „zu aufwändig", „zu groß" oder „zu ungewöhnlich". Auch exotische Ideen dürfen gedacht und gesammelt werden; vielleicht bleibt ja doch das eine oder andere Element davon erhalten. In der Planungsphase wird man sich sinnvollerweise auch eine Fülle von externen Anregungen besorgen. Viele öffentliche und private Anlagen stehen Interessenten auf Nachfrage offen. Nicht zuletzt soll auch dieses Buch einige Ideen in die Planungsphase einbringen. Seien sie aufgeschlossen dafür und prüfen sie

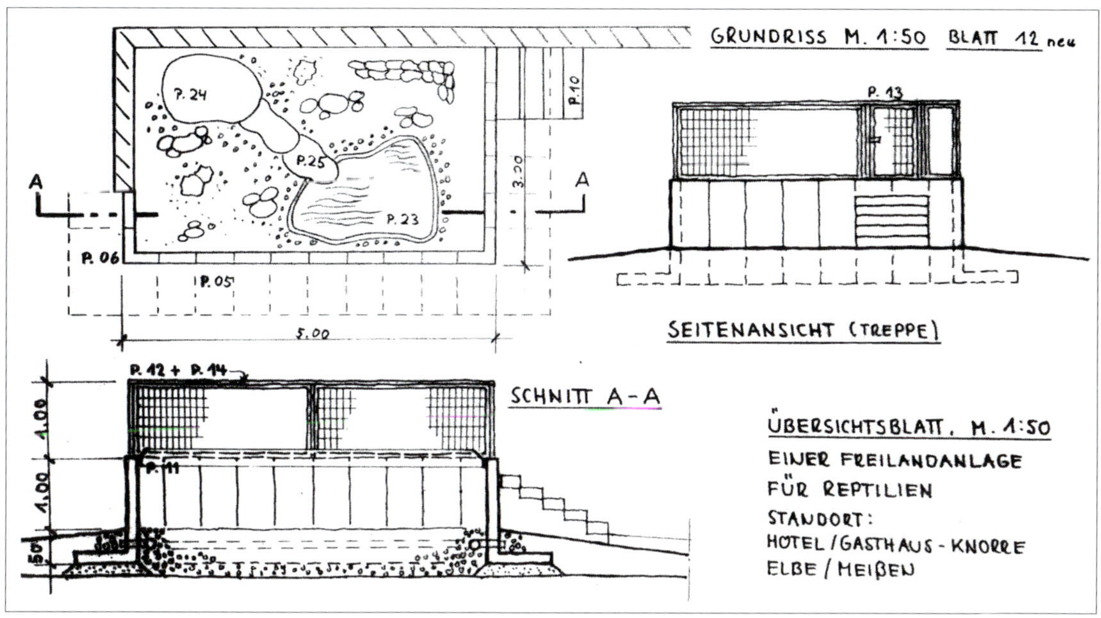

Professioneller Bauplan für das Erprobungs- und Entwicklungsvorhaben „Würfelnatter" der DGHT im Auftrag und mit Förderung des Bundesamtes für Naturschutz und der Umweltministerien von Rheinland-Pfalz und Sachsen

vorbehaltlos. Wer sein Denken auf schmale Teilbereiche begrenzt, beraubt sich selbst zahlreicher Möglichkeiten. Erst am Ende der Planungsphase dürfen und müssen die vielen einschränkenden Aspekte berücksichtigt werden, die in diesem Buch beschrieben sind. Von den örtlichen Gegebenheiten über die persönlichen technischen Fähigkeiten oder den individuellen Geschmack bis hin zur „lästigen" Frage der Finanzierung dienen all diese Einschränkungen als Filter, um aus der Vielzahl an Möglichkeiten für den Bau eines Freilandterrariums für Schlangen die für den speziellen Fall angemessenste und damit auch beste Lösung herauszufinden. Wer so plant, wird nie neidisch auf „noch schönere" Freilandterrarien blicken.

Haben sich die Planungen so weit zu einem geistigen Bild der Anlage verdichtet – oder besser noch in einer Planskizze manifestiert – so kann man beginnen, sich ein Konzept für die Realisierung des Vorhabens zu überlegen. Wo bekomme ich welche Materialien zu welchem Preis? Oder: Welche Firma beauftrage ich womit? Wie viel Platz benötigen die Arbeiten? Wohin mit eventu -

Die Möglichkeit zu einem schlangendichten Anschluss der Glasfront an die Mauer war hier nicht durchdacht.
Foto: M. Hallmen

ellem Aushub? Sind Genehmigungen einzuholen? Für diese und viele weitere Fragen muss das Konzept eine Antwort haben. Roter Faden des Ganzen ist ein Zeitraster. Es macht keinen Sinn, den Nachbarn erst zu informieren, wenn sich die ersten Schlangen in der Anlage sonnen. Auch sollte man den Beton nicht vor der erteilten Genehmigung in die ausgehobenen Fundamentschächte gießen. Ein guter Planer wird vor dem ersten Handgriff eine zeitliche Abfolge aller Einzelelemente des Baus erstellen. Und er wird sie sich konsequent nacheinander vornehmen und nicht eines überspringen.

Ich empfehle dem Leser dringend, die Planungs- und Konzeptphase unbedingt von der Bauphase zu trennen! Der Bau eines Freilandterrariums für Schlangen als spontanes Happening geht selten gut.

Die Frage nach dem Standort

Wo soll man ein Freilandterrarium für Schlangen bauen? Nach meinen Erfahrungen kann ich heute feststellen, dass es kaum einen Ort gibt, an dem keine Freianlage gebaut werden kann. Das glauben Sie nicht? Vielleicht werden auch Sie nach den folgenden Zeilen über Standorte nachdenken, die Sie so vorher nie in Betracht gezogen hätten!

Freilandterrarium für Schlangen auf einem Garagendach
Foto: M. Hallmen

Der klassische Standort eines Freilandterrariums für Schlangen ist sicherlich der eigene Garten. Hier verwirklichen die meisten Schlangenhalter ihren Traum. Man kann in der Regel sogar unter verschiedenen konkreten Plätzen wählen und den für die Schlangen und einen selbst günstigsten Ort bestimmen. Das kann, wie in meinem Fall, auch ein Teil der Terrasse zum Garten hin sein. Doch rund ums Haus finden sich weitere potenzielle Standorte. Da sind z. B. Lichtschächte für Kellerfenster, die zuweilen recht ansehnliche Ausmaße für ein Freilandterrarium aufweisen und mit denen gute Erfahrungen vorliegen (C. RADSPIELER, pers. Mittlg. 2001, ZÖLLNER 2002). Besonderheiten eines solchen Standortes können zu hohe Beschattung oder die Gefahr von Überschwemmung sein. Durch Lampen, eine Bodenheizung und eine Drainageschicht lassen sich diese Nachteile jedoch leicht beheben. Außerdem muss die Abdeckung so stabil sein, dass sie auch das Gewicht eines oder mehrerer Menschen tragen kann. Ein origineller Standort sind auch Flachdächer von Garagen. Erfahrungsberichte mit diversen Strumpfbandnattern (*Thamnophis*), *Natrix*-Arten und anderen Schlangen zeigen, dass sich auch auf Garagendächern Schlangen gut pflegen und vermehren lassen (ORTH 2001, ZÖLLNER 2003). Es ist dabei aber zu berücksichtigen, dass sich aus statischen Gründen nicht jedes Garagendach für ein solches Vorhaben eignet. Außerdem heizen sich diese Anlagen in der Regel im Sommer enorm auf, wovor die Tiere durch geeignete Maßnahmen geschützt werden müssen. Freilandterrarien für Schlangen lassen sich aber ebenso z. B. in Einfahrten entlang von Häusern oder frei stehend errichten. Auch Innenhöfe eignen sich als möglicher Standort sehr gut. Es gibt also rund um Haus und Hof kaum einen Platz, der mit etwas Phantasie nicht zur Schlangenfreianlage umgestaltet werden könnte. Als ungünstig erweisen sich lediglich Vorgärten hin zu Straßen mit viel Publikumsverkehr (JAHN 1921, MANTEL 1987). Hier ist Ärger mit Passanten in unterschiedlichster Form meist vorprogrammiert. Dagegen zeigt die Erfahrung, dass in ruhigeren Wohngebieten selbst Vorgärten als Freilandterrarium taugen (ZÖLLNER 2003).

Wer keinen eigenen Garten besitzt, muss längst noch nicht auf ein Freilandterrarium für Schlangen verzichten. Balkone eignen sich ebenfalls für Freianlagen (JAHN 1921). Viele Terrarianer haben zur Freude ihrer Reptilien den Sommer über Freiluftterrarien auf Balkonen stehen (z. B. FILITZ 2000a). Es gibt jedoch auch weitergehende Formen der Nutzung. HENKEL & SCHMIDT (1997) machen einen Vorschlag, wie ein Balkon zu einem richtigen Freilandterrarium aus- bzw. umgebaut werden kann. Die Besonderheiten sind mit denen von Freilandterrarien auf Garagendächern vergleichbar. Balkone erfahren in den Sommermonaten je nach Exposition eine immense Wärmezufuhr. Daher muss eine solche Anlage ausreichend vor Überhitzung geschützt werden. Wer Bodengrund aufbringt, muss außerdem das Problem des Gewichtes und damit der Statik bedenken. Und die Überwinterung in solch einer Anlage ist ebenfalls mit mehr Schwierigkeiten verbunden als in Anlagen mit tiefgründigem Boden.

Zum Freilandterrarium für Schlangen umfunktionierter ehemaliger Sandkasten Foto: U. Strathemann

Wer all diese Möglichkeiten nicht hat, kann versuchen, Kontakte zu nahe liegenden Wildparks, Zoos, Botanischen Gärten u. Ä. zu knüpfen. Wenn man in solchen Gesprächen Sachkompetenz nachweisen kann und seine Dienste als potenzieller Betreuer anbietet, kann es gelingen, dort den Bau eines Freilandterrariums für Schlangen zu initiieren. Einen Versuch ist es sicherlich wert. Man kann sich auch einem Reptilienverein anschließen, der über ein eigenes Gelände verfügt und bei dem sich Planungen für den Bau eines Freilandterrariums verwirklichen lassen.

Hier noch einige originelle Standorte von Freilandterrarien für Schlangen, die mir im Laufe der letzten Jahre begegneten. Allen dreien ist das Recycling-Prinzip gemeinsam, denn es wurde jeweils eine Anlage mit zuvor gänzlich anderer Nutzung zum Freilandterrarium für Schlangen umfunktioniert. Einfachstes Beispiel ist ein Sandkasten, aus dem die Kinder herausgewachsen waren. Er wurde rundum verglast und zu einer Anlage für Ringelnattern (*Natrix natrix*) umgestaltet (A. JAENICKE, pers. Mittlg. 2001). In Kenia durfte ich einen ehemaligen Swimmingpool bestaunen, dessen Boden mit einigen Abflusslöchern versehen war. Auf dem darin aufgeschütteten Erdhaufen konnten zwischen üppiger Vegetation tropische Schlangen beobachtet werden – im übrigen eine Idee, mit der sich manch kleinerer Pool auch in mitteleuropäischen Gärten recyclen ließe. Last but not least träumte ich während einer Fahrt durch die Niederlande davon, eines jener riesigen ausrangierten Treibhäuser zur Schlangenfreianlage umfunktionieren zu dürfen. Ich wusste zu diesem Zeitpunkt noch nicht, dass ich zwei Wochen später meinen Traum in Wirklichkeit sehen würde. Piet Mantel hat in der Nähe von Amsterdam in einem solchen Treibhaus unterschiedlich große Teile abgegrenzt und darin ca. 50 kleinere und größere Freilandterrarien errichtet – darunter auch solche für Schlangen. Eine ganzjährige Haltung ist darin gut möglich. Es besteht jedoch auch hier wieder die Gefahr der sommerlichen Überhitzung. Außerdem muss künstlich bewässert werden. Und – wer es nicht gesehen hat, der glaubt es nicht – die Treibhäuser sind kaum gegen Vögel als Prädatoren dicht zu bekommen; zumindest nicht ohne erheblichen finanziellen Aufwand.

Mögliche Standorte für Freilandterrarien sind demzufolge auch ein Ergebnis von Fantasie und Kreativität. Natürlich müssen sie aber auch einigen pragmatischen Gesichtspunkten genügen.

Größe und Form

„Je größer desto besser, im Idealfall versieht man den ganzen Garten mit einer glatten Umrandung!" Da ist schon was dran, denn je größer ein Freilandterrarium ist, desto abwechslungsreicher lässt es sich strukturieren und bietet den Schlangen damit eine Vielzahl unterschiedlicher Lebensräume und Mikroklimate. Im Sommer neigen kleinere Anlagen von 2–3 m² und weniger je nach Konstruktion schnell zum Überhitzen. Es muss durch geeignete technische Maßnahmen gezielt für ausreichende Belüftung und/oder Beschattung gesorgt werden. Kleinere Anlagen verlangen in diesem Punkt vom Betreiber deutlich mehr Aufmerksamkeit als größere Freilandterrarien. Dafür sind sie z. B. durch Abdeckungen leichter vor Fressfeinden zu schützen als große Anlagen, bei denen die technische Ausführung eines effektiven Prädatorenschutzes aufwändig sein kann. Letzteres ist aber sicherlich das kleinere Übel.

Die Frage nach der Grundform eines Freilandterrariums für Schlangen ist in erste Linie eine Sache des Geschmacks. Natürlich kann man Freilandterrarien nach dem Prinzip „quadratisch, praktisch, gut!" in einer klassischen quadratischen bis rechteckigen Kastenform gestalten. Das erfüllt seinen Zweck und passt auch sehr gut in viele Ecken, Nischen und Winkel. Es lohnt aber sicherlich auch die Überlegung, von der traditionellen Form abzuweichen. Dazu kann es schon genügen, nur eine Ecke optisch aufzubrechen, indem man – anstatt die Wände rechtwinklig zu verbinden – andere Winkel (z. B. 45°-Winkel) einbaut. Wer diese Idee weiterdenkt, wird bald an sechseckige oder andere vielwinklige, optisch sehr attraktive Formen denken. Sich daraus möglicherweise ergebender technischer Mehraufwand darf nicht gleich als Argument gegen solche „extravaganten" Grundrisse gelten. Bedenken Sie: Sie werden sich ihr Freilandterrarium für Schlangen über Jahre, meist sogar Jahrzehnte ansehen. Da ist etwas zusätzliche Arbeit über eine dem Auge schmeichelnde Grundform schnell vergessen.

Den Schlangen ist die Form ihres Freilandterrariums sicherlich relativ egal, sofern ausreichend Sonneneinstrahlung, Versteckmöglichkeiten usw.

Viele Kleinterrarien ermöglichen die Haltung vieler Arten. Foto: M. Hallmen

Ein aufgelöster rechter Winkel kann die Attraktivität erhöhen. Foto: H. Kreyerhoff

Ein Rundbogen aus Steinen sammelt fast den ganzen Tag über Wärme; ideal für viele Schlangenarten. Foto: M. Hallmen

vorhanden sind. Es gibt aber durchaus Standorte, an denen z. B. die Einstrahlungsdauer durch eine geschickte Wahl der Form des Terrariums deutlich verlängert werden kann. L-förmige Anlagen erlauben den Schlangen, z. B. über Hausecken hinweg die jeweils von der Sonne beschienene Seite aufzusuchen (BOL 1997a, SCHMIDT-LOSKE 1998). Eine halbkreisförmige Rückwand aus Stein, auf die die Sonne ganztags stets an mindestens einer Stelle scheint, ermöglicht den Schlangen in höher gelegenen Regionen eine optimale Ausnutzung der Strahlung.

Von schlichter Eleganz: Freilandterrarium in klassischer Rechteckform Foto: M. Hallmen

Technische Voraussetzungen für den Bau

Der Ort eines Freilandterrariums für Schlangen will aus praktischen Überlegungen heraus wohl bestimmt sein. Wer je versucht hat, eine Freianlage nachträglich zu verlegen (STRATHEMANN 1995a), der wird festgestellt haben, wie schwierig das sein kann. Versuch und Irrtum ist hier als Vorgehensweise nicht anzuraten. Man kann den Bau eines Freilandterrariums auch einer Gartenbaufirma überlassen, muss sich jedoch darüber im Klaren sein, dass man es dabei in der Regel nicht mit Terrarianern zu tun hat, die die Bedürfnisse der Tiere und die Anforderungen an eine solche Anlage kennen und einzuschätzen wissen. Der Fachmann sind und bleiben auch in solchen Fällen Sie als Betreiber der Anlagen.

Die folgenden Anmerkungen sind für die Wahl eines geeigneten Standortes grundlegend: Einer der wichtigsten Faktoren für Schlangen als wechselwarme Lebewesen ist die Sonneneinstrahlung. Grundsätzlich sollten Freilandterrarien möglichst viel davon bekommen. Die potenzielle Dauer und Intensität der Einstrahlung sind daher zu optimieren. Fünf bis sechs Stunden Strahlungsdauer scheinen dabei als Minimum ausreichend. Ganztägige intensive Sonneneinstrahlung vertragen zwar die meisten Schlangenarten, es gilt in solchen Fällen jedoch, ausreichend schattige Versteckplätze anzubieten. Für einige Arten kann es allerdings günstig sein, wenn die Anlage nicht ganztags in der prallen Sonne liegt. Wer das Freiterrarium in Hanglage errichtet, sollte südexponierte Hänge bevorzugen. In diesem Zusammenhang gilt es auch, im Laufe der Zeit wachsende Bäume als zukünftige Beschatter der Anlage in die Überlegungen einzubeziehen (STRATHEMANN 1995a). So mussten z. B. in der Stuttgarter Wilhelma einige große Platanen für einen ausreichenden Lichteinfall in die Freilandterrarien gefällt werden (H.G. HABERLE, pers. Mittlg. 2001).

Ein weiterer wichtiger, wenn auch nur selten beeinflussbarer Faktor ist der Bodenuntergrund. Günstig ist ein trockenes sandiges Substrat, in das Regenwasser auch während langer Schlechtwetterperioden rasch und ausreichend versickern kann. Lehmige, gegen Wasser abdichtende Böden sorgen für Staunässe im Freiterrarium. Dies kann zu erhöhtem Krankheitsrisiko für die Tiere führen. Auch dauerhafte Unterkühlungen resultieren oft aus Staunässe. Derartige, meist fette Böden können den Einbau einer Drainageschicht notwendig werden lassen.

Auf manche technische Ausführung von Freilandterrarien wirkt es sich positiv aus, wenn man eine oder gar zwei Wände (z. B. von Haus oder Garage) als Umrandung in die Anlage einbezieht. Sie bietet als Fixpunkt Halt, kann zur Befestigung einer Abdeckung dienen, gibt eventuell im Winter Wärme an die Anlage ab, bietet Windschutz, sammelt Sonnenwärme und bringt viele weitere Vorteile mit sich. An die Möglichkeit einer Stromversorgung der Anlage sollte im Vorfeld ebenso gedacht werden. Auch wer keinen Bachlauf mittels einer Elektropumpe betreiben oder das Terrarium in lauen Sommernächten illuminieren will, sollte sich die Möglichkeiten für das spätere Einbringen einer künstlichen Wärmequelle z. B. in Form einer Lampe nicht von Beginn an verbauen.

Ein Wasseranschluss im Freilandterrarium kann praktisch sein. Foto: M. Hallmen

Weitere Faktoren

Der Standort eines Freilandterrariums für Schlangen hat sich sich auch nach den sonstigen Nutzungen der näheren Umgebung richten. In Gärten z. B. müssen sich häufig auch andere Familienmitglieder wohl fühlen können (HENKEL & SCHMIDT 1998). So will man es z. B. zuweilen den Schlangen gleichtun und braucht ebenso einen Platz für Sonnenbäder. Die Anlage darf rauschenden Sommerfesten nicht im Wege stehen. Und vor allem: Die lieben Kleinen. Fußbälle, Bocciakugeln oder Wasserbomben könnten als Geschosse einem Freilandterrarium durchaus gefährlich werden (MANTEL 1987). Hier müssen klare Prioritäten gesetzt werden, und die Freianlage hat in geschützte Ecken des Gartens auszuweichen. Verglasungen an exponierter Stelle müssen mit Sicherheitsglas ausgeführt werden. Abdeckungen und andere „filigranere“ Teile der Anlage werden besser aus robusteren Materialien hergestellt.

Über die Grenze des Gartens hinaus wird ein Freilandterrarium für Schlangen in der Nachbarschaft – neutral formuliert – für Aufmerksamkeit sorgen. Meist kennt man die direkten Nachbarn so gut, dass man mögliche Reaktionen auf solch eine Anlage vorher einschätzen kann. Ich persönlich habe gute Erfahrungen damit gemacht, die Nachbarn – meine Anlage steht immerhin auf der gemeinsamen Grundstücksgrenze – von Beginn an in die Planungen mit einzubeziehen. So durfte sich mein Nachbar z. B. die Höhe des Sichtschutzes selbst wählen. Und siehe da: Er entschied sich für eine Höhe, die ihm einen dauerhaften Einblick in das Terrarium erlaubt. Häufig schauen er und seine Enkelkinder sehr interessiert über den Zaun und berichten mir manchmal, was während meiner Abwesenheit zu beobachten war. Ich freue mich darüber! Bei anderen Freilandterrarien haben die Nachbarn sogar beim Bau mitgeholfen, und abschließend wurde gemeinsam das Richtfest gefeiert. Häufig liegt es eben nur daran, wie man eine Sache angeht. Leider ist nicht jeder mit einer solchen Nachbarschaft gesegnet. Es kann auch von Beginn des Vorhabens an Ärger geben, der in manchen Fällen unnötigerweise auch noch vor Gericht landet. Dazu später einige Informationen mehr.

Glasbruch ist vor allem bei spielenden Kindern im Garten vorprogrammiert. Foto: M. Hallmen

Ein Punkt, der mir persönlich wichtig war, ist eine schöne, gemütliche und bequeme Gelegenheit für Beobachtungen. Das ist keine Selbstverständlichkeit: Es gibt Anlagen, die man nur im Stehen einsehen kann und die nur vergleichsweise flüchtige Einblicke erlauben. Mein Ding ist das nicht! Für mich gehören zu einem Freilandterrarium für Schlangen auch Momente der Ruhe und Muße, in denen ich „mein Stück Natur“ auch bei körperlichem Wohlbefinden genießen kann. Dazu zählt unbedingt eine Sitzgelegenheit, ein Gartenstuhl, eine Holzbank, ein Liegestuhl, ein Steinmäuerchen o. Ä. Direkt neben meiner Anlage auf der Terrasse befindet sich in weniger als 1 m Abstand unsere Sitzgruppe, in der wir gerne am Wochenende in der aufgehenden Sonne frühstücken. Oft bleiben einige Familienmitglieder danach noch sitzen, um in Ruhe den sich sonnenden Schlangen zuzusehen. Diese Naturbeobachtungen „nebenbei“ will die ganze Familie nicht mehr missen – Gäste übrigens auch nicht.

Ein meist vorgegebener Umstand für den Be -

Durch umgestürzte Bäume zerstörte Freilandterrarien
Foto: G. Schirmer

trieb eines Freilandterrariums für Schlangen ist auch das Vorhandensein von potenziellen Fressfeinden. An manchen Standorten gibt es sie, an anderen werden sie durch Hunde fern gehalten und an manchen Stellen fehlen sie gänzlich. Als Prädatoren kommen z. B. in Frage: Katzen und Ratten, aber auch Krähen, Elstern und Greifvögel. Die Schlangen können durch Netze, Drähte oder andere Abdeckungen vor dem Zugriff der Räuber geschützt werden. Ein weiteres Problem stellen oft Wühlmäuse oder noch einmal Ratten dar. Sie schaffen unweigerlich Schlupflöcher im Boden, die von den Schlangen alsbald zur Flucht genutzt werden. Als eine Schutzmaßnahme muss man eventuell ein tiefgründiges Betonfundament in die Planungen einbeziehen.

In einem noch existenzielleren Maß können tobende Naturgewalten einem Freilandterrarium für Schlangen gefährlich werden. Unterirdische Überwinterungsquartiere laufen bei Starkregen eventuell voll, und darin überwinternde Schlangen ertrinken. Es wurden auch schon durch Überschwemmungen Tiere aus Anlagen freigesetzt und mit fort gerissen. Stürme sind ebenfalls eine Gefahr für die Anlagen, wenn große Bäume in der Nähe stehen. Während der Herbststürme „Wiebke & Co." 1990/1991 haben im „Freilandaquarium & Terrarium Stein bei Nürnberg" seinerzeit einige umfallende Bäume eine ganze Reihe von Freilandterrarien unter sich begraben und vernichtet.

Geeignete Schlangenarten

Beim Bau eines Freilandterrariums für Schlangen sollte man auch bereits wissen, welche Arten man darin halten möchte. Die potenzielle Größe ausgewachsener Tiere bestimmt z. B. die Höhe der Umrandung. Für klein bleibende Arten wie etwa die Schlingnattern (*Coronella austriaca*) oder Butlers Strumpfbandnatter (*Thamnophis butleri*) reicht eine Umrandung der Anlage von ca. 50–60 cm. Bei der Haltung von Äskulapnattern (*Elaphe longissima*) dagegen ist selbst eine Umrandung von 120–150 cm aufgrund ihrer Körpergröße kein sicherer Schutz vor Ausbrüchen. Solche Arten hält man am besten in einer rundum geschlossenen Anlage. Auch das Kletterverhalten der Schlangen kann die Wahl der Höhe der Umrandung mit beeinflussen.

Die Tiefe des Fundamentes wird u. a. vom Verhalten der Schlangen auf dem Boden und ihrem Grabverhalten bestimmt. Regelmäßig grabende Arten, wie z. B. die Karierte Strumpfbandnatter (*Thamnophis marcianus*) erfordern eine entsprechende Tiefe und Festigkeit des Fundamentes. 80–100 cm Fundamenttiefe und eine Ausführung in Beton können notwendig sein. Bei Arten, die ausschließlich an der Oberfläche bleiben und nur die dort angebotenen Verstecke aufsuchen, kann eine Umrandung ausreichen, die nur 10–20 cm tief in den Boden ragt.

In diesem Zusammenhang dürfen auch die jeweiligen Futtertiere und ihr Verhalten nicht unberücksichtigt bleiben. Beim Verfüttern lebender Mäuse kann es vorkommen, dass diese nicht gleich von den Schlangen gefressen werden und sich im Freilandterrarium häuslich einrichten. Auch hier sind massive und tiefgründige Betonfundamente sehr hilfreich.

Die Schlangenart legt vor allem mit ihrem Bedürfnis nach Feuchtigkeit bzw. Trockenheit das Aussehen der Inneneinrichtung fest. Für Feuchtigkeit liebende Spezies, wie z. B. einige *Natrix*-Arten, wird man einen größeren Teich mit dichter Ufervegetation anlegen. Bei Arten, die Trockenheit und Wärme lieben, wie z. B. der Äskulapnatter (*Elaphe longissima*), wird man bei der Gestaltung des Innenraumes viel mit Steinen und Ästen arbeiten. In Gesellschaftsterrarien für mehrere Arten mit unterschiedlichen Biotopansprüchen müssen abwechslungsreiche Mosaike verschiedener Lebensräume gestaltet werden.

Natrix natrix Foto: M. Hallmen

Werden verschiedene Schlangenarten miteinander vergesellschaftet, so darf man sich bei obigen Überlegungen keinesfalls auf den kleinsten gemeinsamen Nenner bringen lassen. Vielmehr müssen die Ansprüche jeder einzelnen Art in der Planung berücksichtigt werden. Wer noch nicht sicher weiß, welche Arten im Laufe von vielen Jahren in seinem Freilandterrarium gepflegt werden sollen, tut gut daran, möglichst viele Fälle vorab durchzuspielen und bei der technischen Umsetzung zu berücksichtigen.

Thamnophis sirtalis sirtalis (größeres Weibchen) und _Thamnophis sirtalis parietalis_ (kleineres Männchen) Foto: M. Hallmen

Materialbeschaffung und Kostenberechnung

Wer seine Anlage von einer Fachfirma erbauen lässt, muss sich um die Beschaffung der Materialien und deren Kosten nicht weiter kümmern. Das wird hauptsächlich für öffentliche Anlagen zutreffen, deren Dimensionen die Möglichkeiten und Fähigkeiten eines Hobbyhandwerkers schnell übersteigen. Dennoch muss man die meisten der hier aufgeführten Gesichtspunkte selbst in die Planung einbringen. Es ist ratsam, Angebote von mehreren Firmen einzuholen und Preise wie Leistungen gut zu vergleichen. Kostenvoranschläge sollte man sich unbedingt schriftlich geben lassen. Alle darüber hinausgehenden Ratschläge für öffentliche Anlagen möchte ich an dieser Stelle unterlassen, da die Verantwortlichen z. B. in Zoos mit dem Bau von Tiergehegen vertraut sind und ich ihnen in diesem Punkt sicherlich nicht weiterhelfen kann.

Die meisten privaten Freilandterrarien für Schlangen werden wohl von Hobbyhandwerkern errichtet. Und für die meisten ist es in der Regel auch ihre erste derartige Anlage, die sie bauen. In diesem Fall ist es sinnvoll, eine gewisse Orientierungsphase am Beginn des Vorhabens einzuplanen. In ihr sollte man neben all den übrigen Überlegungen die für das spezielle Projekt geeigneten Materialien herausfinden und sich informieren, wo sie zu welchem Preis zu beschaffen sind. Preisvergleiche sind unbedingt notwendig, denn die Unterschiede sind z. T. erheblich. Selbst wenn die Entscheidung hierüber gefallen ist, wird man die benötigten Materialien erst noch bestellen und einkaufen müssen. Auch hierfür ist ausreichend Zeit einzuplanen. Im Vorfeld sollte man schon über einen längeren Zeitraum nach Sonderangeboten Ausschau halten. Manchmal kann man diese während bestimmter Aktionswochen kaufen, sie sich aber erst zu Baubeginn liefern lassen. Überhaupt sollte man bei der Lieferung wesentlicher Materialien unbedingt verbindliche Termine mit den Zulieferbetrieben ausmachen. Dadurch kann man die Phase der Materialbeschaffung zeitlich zumindest etwas komprimieren, wodurch z. B. Baustoffe nicht so lange zwischengelagert

Die Materialien zum Bau eines Freilandterrariums für Schlangen benötigen Platz. Foto: M. Hallmen

werden müssen. Denn man darf keinesfalls den Platz unterschätzen, den man zum Lagern von z. B. zwei Paletten Fertigbeton, einem Betonmischer, Glasscheiben, diversen Metallprofilen usw. benötigt. Auch der eventuelle Aushub für die Fundamente wird in der Regel immer umfangreicher, als vorab eingeschätzt. Wer die oft nicht unerheblichen Kosten senken möchte, der sieht sich nach geeigneten Materialien um, die er verbilligt oder gar kostenlos bekommt. Viele der von mir besuchten Anlagen entstanden mit derartigen „Restmaterialien". Sie sind nicht zuletzt ein Grund für die große Individualität von Freilandterrarien.

Die Kosten eines Freilandterrariums für Schlangen sind für einen Laien nicht immer einfach zu berechnen. Es wird immer etwas geben, an das man nicht gedacht hat. Manche technischen Probleme entstehen bei aller noch so guten Planung während der praktischen Arbeiten. Die für deren Lösung notwendigen Materialien oder Werkzeuge sind vorab nicht einplanbar. Daher ist es sicherlich günstig, beim Veranschlagen der Gesamtkosten 10 % (oder mehr!) des vorläufigen Endbetrages als Reserve einzuplanen. Um bereits an dieser Stelle konkrete Kosten einiger in diesem Buch vorgestellten Anlagen zu nennen: Die von Udo Strathemann 1991 erbaute Doppelanlage kostete damals schon sehr günstige ca. 1.000 €. Die „Texasanlage" von Helmut Kreyerhoff wurde im Jahr 2002 für ca. 500,- € erbaut. Bei meinem Freiterrarium fielen 1999 insgesamt Kosten von 2.500,- € an; allerdings Terrassenumbau inbegriffen. Bei öffentlichen Anlagen wurden mir für sehr umfangreiche mehrgliedrige Terrarienanlagen bis zu 300.000 € als Kosten genannt.

Besonderheiten öffentlicher Anlagen

Freilandterrarien für Schlangen der Öffentlichkeit zu öffnen kann vielfältige Gründe haben. Dem Betreiber kann die Naturerziehung interessierter Mitbürger am Herzen liegen, er möchte vielleicht mit den Einnahmen die Palette ausgestellter Tiere vervollständigen, vielleicht auch einfach nur einen Teil seiner Unkosten decken oder gar so viel Geld verdienen, dass er davon leben kann. In jedem Fall will er in der Regel etwas vom Besucher – meist

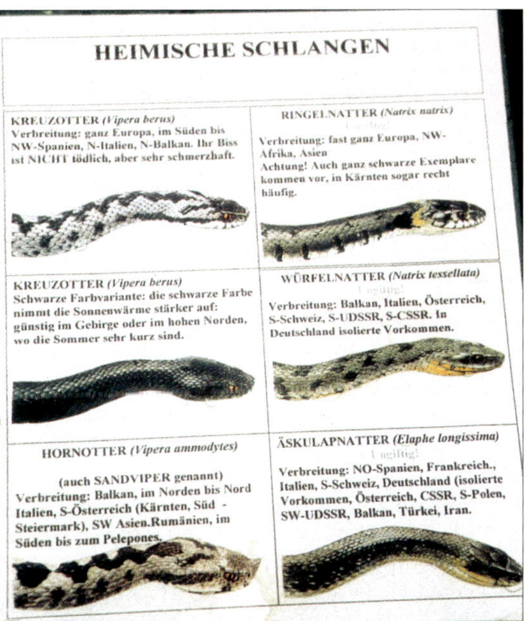

Eine Beschilderung ist in öffentlichen Freilandterrarien erforderlich. Foto: M. Hallmen

sogar handfest in Form von Eintritt oder einer Spende – woraus sich eine Art Abhängigkeitsverhältnis ergibt, das den einen oder anderen Kompromiss verlangt. Auch die Tatsache, dass der überwiegende Teil der Besucher Laien sein dürfte, setzt Maßnahmen voraus, die im privaten Bereich kaum Anwendung finden würden.

Einer der ersten Punkte, den Betreiber öffentlicher Anlagen stets nennen, ist: „Unsere Besucher wollen die Schlangen auch sehen!" Im Zoo von Zürich (Schweiz) durfte ich diese Erfahrung selbst machen. Das dortige Freilandterrarium für Ringelnattern (*Natrix natrix*) war zum Zeitpunkt meines Besuches ein grüner zugewachsener Dschungel – ganz im Geschmack seiner Bewohner. Aber es war eben auch nach längerem Verweilen keine Schlange zu sehen. Meinen Frust über die Anlage teilte ich mit einer Unzahl weiterer Besucher. Um solchen Unmut zu vermeiden, werden in anderen öffentlichen Anlagen Maßnahmen wie die folgenden ergriffen: Das Verhältnis von der Zahl der Schlangen zur Anzahl der Versteckmöglichkeiten wird zugunsten der Schlangenzahl verschoben.

Eine andere Möglichkeit ist, dass man den Tieren für die Nacht und während Schlechtwetterperioden Unterschlüpfe z. B. in Form von Häuschen oder Folien bietet, diese aber morgens vor dem Ansturm der Besucher entfernt, damit die Tiere sich schneller und leichter dem Auge des Betrachters offenbaren. Man kann auch bewusst überschüssige Verstecke z. B. unter Steinen mit Beton auffüllen und so nur eine kleinere Zahl an Rückzugsmöglichkeiten zulassen, ohne dass das Gesamtbild dadurch beeinträchtigt würde. In Sommermonaten werden manche öffentliche Freilandterrarien tagsüber häufiger gegossen, damit die Tiere sich zumindest kurzzeitig den Besuchern zeigen. Es gibt noch manch anderen „Trick", die Tiere den Besuchern „vorzuführen". Sie werden allerdings häufig wie Betriebsgeheimnisse gehütet. Es sei angemerkt, dass hier keinesfalls der Verdacht aufkommen soll, die Tiere würden in öffentlichen Anlagen aufgrund der genannten Einschränkungen nicht artgerecht gehalten. Im Gegenteil: Bei einigen der später noch genauer vorzustellenden Freilandterrarien handelt es sich um die – auch aus Sicht der Tiere – besten Anlagen, die ich bislang sah.

Bei einem öffentlichen Freilandterrarium für Schlangen ergibt sich auch die ein oder andere bauliche Besonderheit. So ist z. B. auf Extravaganz zugunsten einer soliden und stabilen Bauweise zu verzichten. Potenzielle mechanische Schwachstellen sollten vorab schon antizipiert werden und entsprechend massiv angefertigt werden. Solche Stellen sind z. B. die Oberkanten der Umrandungen, auf die sich viele Besucher lehnen werden und auf die sicherlich auch Kinder gehoben oder gesetzt werden. Verstärkte Kanten oder Umlaufgeländer können Maßnahmen der Wahl sein. Auch die verwendeten Materialien müssen der Menge an Besuchern Rechnung tragen. So müssen sämtliche Glasfronten ausschließlich aus Sicherheitsglas bestehen, und bei der Stärke darf nicht gespart werden. Eisenprofile, Verschraubungen, Verklebungen, Türen usw. sind so auszuführen, dass sie einiges an mechanischer Belastung aushalten. Der hierfür notwendige Kostenfaktor ist nicht zu unterschätzen. Die Anlagen müssen auch einer Vielzahl von Besuchern gleichzeitig Einblick gewähren. Dafür kann man den Zugang rundum oder zumindest auf zwei Dritteln des Umfanges gewähren.

Ein Umlauf hält die Besucher auf Abstand, und ein Gitter verhindert Wurfgeschosse und Diebstahl. Foto: M. Hallmen

Was im privaten Bereich eine Sache des Stiles und des persönlichen Geschmacks ist, das ist bei öffentlichen Anlagen schnell schrill und exotisch. Das Aussehen eines solchen Terrariums muss quasi einen Durchschnittsgeschmack ansprechen. So wird man z. B. kahle Umrandungen eher mit Schilfmatten, Bepflanzung, Mauerwerk u. Ä. von außen verkleiden. Die Anlagen sollten in der Regel auch familienfreundlich sein. Wenn die Umrandung nicht aus Glas ist und ihre Höhe Kindern keinen direkten Einblick gewährt, so können z. B. Sockel aus Stein oder Holz vor den Umrandungen den Kleinsten helfen. Es ist in solchen Fällen auch sinnvoll, einige Wandelemente aus Glas zu gestalten. Man kann wie im Reptilienzoo HAPP (Klagenfurt, Österreich) auch „Bullaugen“ in der Höhe von Kinderaugen in die Umrandungen einbauen.

Vorgabe ist in den meisten Fällen auch, dass die Besucher etwas über die Schlangen lernen sollen. Eine wetterfeste Beschriftung mit Abbildungen gibt daher nicht nur den Namen der Arten wieder, sondern nach Möglichkeit zusätzlich einige Informationen zur Verbreitung und Biologie der Tiere. Aber auch nonverbal können Inhalte aus dem Leben der jeweiligen Tiere vermittelt werden. Freilandterrarien, die als so genannte Biotopterrarien den natürlichen Lebensraum der Schlangen nachahmen, vermitteln dem Betrachter naturähnliche Eindrücke, die er auf Dauer mit den Schlangen assoziiert. Feuchtgebiete, Halbwüsten und oder ein Ausschnitt aus einem Wald lassen sich mit Gegenständen aus der Natur und einer entsprechenden Bepflanzung leicht simulieren. Manche Anlagen, wie z. B. im Freilandaquarium & Terrarium Stein bei Nürnberg, haben sogar eigene inhaltliche Konzepte. In diesem Fall werden ausschließlich einheimische Arten präsentiert. Gleiches gilt für den Alpenzoo Innsbruck (Österreich), der zusätzlich alle Höhenstufen der Alpen von mediterran bis hochalpin mit den präsentierten Arten vorstellt (HALLMEN 2002e).

Öffentliche Anlagen sind aus meiner Sicht auch einer der wenigen Orte, an denen als Ausnahme auch Giftschlangen in Freilandterrarien gehalten werden dürfen. Gerade unsere heimischen Vipern leiden unter ihrem „schlechten Ruf“, und Aufklärung tut Not! Daher erscheint es mir gerechtfertigt, die Tiere unter strengen Sicherheitsauflagen (z. B. absolute Ausbruchsicherheit) und unter Berücksichtigung aller gesetzlichen Bestimmungen in öffentlichen Freilandterrarien für Schlangen zur Schau zu stellen. So kann sich die Bevölkerung ein Bild dieser schützenswerten Tiere in einer annähernd natürlichen Umgebung machen. Auf diese Art und Weise leistet die Haltung von Giftschlangen in Freilandterrarien einen Beitrag zur Naturerziehung der Menschen. In allen von mir besichtigten Anlagen besaßen die Träger sowohl das „know how“ (sachkundiges Personal) als auch die finanziellen Mittel, ausbruchsichere Freilandterrarien für Giftschlangen zu bauen.

Leider wird immer wieder berichtet, dass nicht alle Besucher in der Lage sind, mit den ihnen gebotenen Möglichkeiten adäquat umzugehen. Die negativen Erfahrungen sind dabei in städtischen Regionen häufiger als in mehr ländlichen Gegenden. Regelmäßig findet sich z. B. allerlei Unrat in den Anlagen. Nicht etwa nur zur bequemen Müllentsorgung, die Besucher werfen auch Gegenstände in nach oben offene Terrarien, um die Tiere bewusst zu etwas mehr „action“ zu bewegen. Man muss in solchen Fällen sogar damit rechnen, dass brennende Zigaretten auf die Tiere geworfen werden. Leider werden auch immer wieder Tiere aus solchen Anlagen gestohlen. Das macht selbst vor Giftschlangen nicht halt. So wurde z. B. im Freilandaquarium & Terrarium Stein bei Nürnberg vor vielen Jahren eine Hornotter (*Vipera ammodytes*) entwendet. Im Nochalm-Reptilienzoo (Patergassen, Österreich) wurden drei Freilandterrarien trotz mit Schlössern gesicherter Abdeckung „leergeräumt“. Die Freilandterrarien der renommierten Stuttgarter Wilhelma waren bis in die 80er-Jahre oben offen. Die immens zunehmenden Diebstähle zwangen die Verantwortlichen, die Anlagen einbruchssicher zu schließen. Massive Schlösser an allen Zugängen und ebensolche Gitter rund um die Anlagen sind die Folge. In manchen Zoos wird aus diesen Gründen der Gedanke an ein Freilandterrarium für Schlangen bereits im Ansatz verworfen.

Es sei hier nur am Rande erwähnt, dass öffentliche Anlagen auch anderen gesetzlichen Rahmenbedingungen z. B. in Bezug auf das Nachbarschaftsrecht oder das Baurecht unterliegen. Da diese Bedingungen jedoch oft sehr speziell sind und etwa bei einem Zoo im Gesamtzusammenhang zu sehen sind, möchte ich an dieser Stelle nicht näher darauf eingehen.

Freilandterrarien im Garten können zu nachbarschaftlichen Streitigkeiten führen – müssen es aber nicht. Foto: M. Hallmen

Rechtliche Rahmenbedingungen

In einem Land, in dem sich die obersten Richter mit der Frage beschäftigen, ob und wann Frösche unter welchen Umständen und in welchem Abstand zur Mitte des Ehebettes der Nachbarn quaken dürfen, muss man als Besitzer eines Freilandterrariums für Schlangen leider zumindest potenziell mit Ärger rechnen. Weicht man heutzutage nur leicht von der rechtlich in unseren Gärten zulässigen Norm ab – oder von dem, was die Nachbarn dafür halten – sieht man sich schneller in einen Rechtsstreit verwickelt, als einem lieb sein kann. Daher ergibt es unbedingt Sinn, sich vorab über die wichtigsten rechtlichen Rahmenbedingungen zu informieren, in denen sich Bau und Betrieb eines Freilandterrariums für Schlangen bewegen. Eine der besten Übersichten über den neusten Stand dazu liefert RÖSSEL (2000). An dieser Stelle sei nur auf die wichtigsten Vorgaben des Gesetzgebers hingewiesen.

Wohl die meisten Terrarianer wissen, dass nicht alle Tiere frei gehandelt und gehalten werden dürfen. Da viele Arten in der Natur vom Aussterben bedroht sind, werden sie durch zahlreiche nationale und internationale Gesetze geschützt. Die wichtigsten artenschutzrechtlichen Bestimmungen sind nach RÖSSEL (2000):

- das Washingtoner Artenschutzabkommen (WA)
- die EU-Artenschutzverordnung Nr. 338/97
- das Bundesnaturschutzgesetz
- die Bundesartenschutzverordnung

Die EU-Artenschutzverordnung Nr. 338/97 gilt seit 1997 europaweit. Sie regelt die Ein- und Ausfuhr geschützter Tier- und Pflanzenarten innerhalb der Europäischen Union (EU) sowie die Im- und Exporte in bzw. aus der EU. Damit setzt sie faktisch die Vorgaben des WA für ganz Europa einheitlich um. Die gefährdeten Arten werden je nach Gefährdungsstatus in vier Anhängen zur Verordnung aufgeführt. Auch hier kann an dieser Stelle nur auf weiterführende Ausführungen verwiesen werden (z. B. RÖSSEL 2000). Besondere Berücksichtigung muss im Zusammenhang mit Freilandterrarien für Schlangen auch das Bundesnaturschutzgesetz finden, denn unter den geeigneten Arten sind nicht zuletzt zahlreiche europäische. So sind z. B. alle mitteleuropäischen Spezies vom Bundesnaturschutzgesetz erfasst, d. h., dass für sie grundsätzlich ein Besitz- und Vermarktungsverbot besteht. Das gilt auch für potenzielle Futtertiere von z. B. zahlreichen Wassernattern (Natricinae), denn auch die heimischen Amphibien stehen allesamt unter Artenschutz. Eine der Ausnahmen dieser Regelung bezieht sich auf Nachzuchttiere, die gehandelt und gehalten werden dürfen. Es obliegt jedoch dem Halter, die rechtmäßige Herkunft der Tiere zu beweisen. Kann er dies nicht, droht der Einzug der Tiere durch die Behörden. Die Bundesartenschutzverordnung ist als Ergänzung des Bundesnaturschutzgesetzes anzusehen.

Was der einzelnen Spezies die Artenschutzbestimmungen ist dem Individuum das Tierschutzrecht. Kernaussage ist, dass jedes Tier seiner Art und seinen Bedürfnissen entsprechend ernährt und gepflegt sowie verhaltensgerecht untergebracht werden muss. Wer das Tier hält, muss über Kenntnisse und Fähigkeiten verfügen, um die genannten Forderungen gewährleisten zu können, eigentlich eine Selbstverständlichkeit. Es ergeben sich jedoch regelmäßig Diskussionen um § 2 des TierSchG, denn es definieren längst nicht alle Terrarianer die „Wohlfühlbedingungen" für eine Tierart gleich. Um die Herangehensweise an diese Frage zu vereinheitlichen und zumindest einen ersten Standard festzuschreiben, hat das damalige Bundesministerium für Ernährung, Landwirtschaft und Forsten ein Gutachten in Auftrag gegeben, das die Mindestanforderungen an die Haltung von Reptilien enthält. Das Gutachten wurde von namhaften Fachleuten erstellt und 1997 vorgelegt. Es ist bei der Deutschen Gesellschaft für Herpetologie und Terrarienkunde (DGHT) erhältlich. Trotz aller Kritikpunkte im Einzelnen ist dieses Gutachten dennoch ein Meilenstein in der Diskussion um eine artgerechte Haltung von Terrarientieren. Für den Gesetzgeber ist es zwar nicht verbindlich, kann jedoch vom Gericht als Orientierungshilfe in Streitfällen herangezogen. Freilandterrarien für Schlangen werden in diesem Gutachten nicht erwähnt. Ich sehe das jedoch nicht als Manko an, denn die Haltung in Freianlagen ist ohnehin fast immer eine naturnähere Form mit ausreichend Platz für die Tiere.

Der Bau eines Freilandterrariums für Schlangen kann je nach Größe und Ausführung baurechtlichen Bestimmungen unterliegen, kleinere Anlagen dagegen sind oft davon nicht betroffen. Die Einzelheiten sind in den jeweiligen Landesbauordnungen nachzulesen. In der Praxis wird man sich in Zweifelsfällen am sinnvollsten mit dem zuständigen Bauamt in Verbindung setzen

Gut „getarntes" Freilandterrarium Foto: M. Hallmen

und dort vorab nach den jeweils geltenden Bestimmungen fragen.

Ein gesetzlicher Aspekt gilt zunächst für alle Freilandanlagen: Sie sind im Sinne des Gesetzgebers Tiergehege und damit grundsätzlich zunächst einmal genehmigungspflichtig. Begründung: In allen Fällen, in denen Tiergehege eingerichtet bzw. aufgestellt werden, besteht prinzipiell die Gefahr, dass Tiere in die Natur entweichen könnten und die heimische Fauna verfälschen. Den gesetzlichen Hintergrund bildeten bisher der alte § 24 des Bundesnaturschutzgesetzes sowie die ergänzenden Naturschutzgesetze der einzelnen Bundesländer. Nachdem das Bundesnaturschutzgesetz nach seiner Novellierung im Jahr 2001 eine entsprechende Regelung nicht mehr enthält, gelten allerdings die landesnaturschutzgesetzlichen Regelungen zunächst noch weiter. Allerdings ist hier in der nächsten Zeit mit Änderungen zu rechnen, so dass es sich grundsätzlich empfiehlt, schriftlich bei der zuständigen Naturschutzbehörde nachzufragen, ob man denn nun neben der gegebenenfalls notwendigen baurechtlichen Genehmigung auch eine naturschutzrechtliche Genehmigung benötigt. Aufgrund der geschilderten Situation herrscht nämlich selbst bei den für die Genehmigung zuständigen Unteren Naturschutzbehörden Unklarheit, ob Freilandterrarien für Schlangen im privaten Bereich genehmigungspflichtig sind oder nicht.

In der Regel wird man ein Freilandterrarium für Schlangen nur auf dem eigenen Grund und Boden errichten. Sollte der Erbauer und Betreiber einer solchen Anlage jedoch zur Miete wohnen, so empfiehlt es sich unbedingt, eine schriftliche Einverständniserklärung des Vermieters einzuholen. In jedem Fall ist es überaus ratsam, die unmittelbar betroffenen Nachbarn für das Projekt zu gewinnen oder doch zumindest zur Toleranz zu bewegen. Auch heutzutage wird die Haltung selbst harmloser Schlangen immer noch von einigen Gerichten untersagt, weil Nachbarn eine unüberwindliche Abscheu vor diesen „Ekeltieren" geltend machen. Wenn dies bereits für Zimmerterrarien gilt, wie werden die Gerichte sich dann bei den vermeintlich frei im Garten umherkriechenden Schlangen entscheiden? Es bleibt zumindest fraglich, ob der Richter sie als Kleintiere im Sinne des Gesetzes ansehen und ihre Haltung erlauben wird.

Ebenfalls in den Bereich der gut- bzw. schlechtnachbarschaftlichen Beziehungen fallen Aspekte des Gefahrenabwehrrechtes. Danach sind gefährliche Tiere unter Verschluss zu halten. Für Giftschlangen ist dies jederzeit nachvollziehbar und auch absolut sinnvoll. Sie sollten ohnehin nur in begründeten und genehmigten Ausnahmefällen im Freiland gehalten werden! Doch selbst harmlose Strumpfbandnattern werden von Laien – und dazu zählen in der Regel auch die meisten Richter – häufig zunächst einmal als gefährlich eingestuft. Im Zusammenhang mit Freilandterrarien sei darauf hingewiesen, dass der Nichtfachmann den Prädatorenschutz oft fälschlich als Ausbruchsicherung für die Schlangen ansieht. Bei einer nicht mit einem Gitter oder Netz abgedeckten Anlage sind den Schlangen aus seiner naiven Sicht Tür und Tor zum Ausbruch geöffnet. Hinweise auf die Funktion der glatten Umrandung und eine eventuelle Abweiskante als effektiven Schutz vor Ausbrüchen überzeugen ihn oft genug nicht wirklich. In acht Bundesländern Deutschlands gibt es spezielle gesetzliche Ausführungen, die sich auf die Haltung „gefährlicher Tiere" im Terrarium beziehen. Diese Länder sind: Bayern, Berlin, Bremen, Mecklenburg-Vorpommern, Niedersachsen, das Saarland, Sachsen-Anhalt und Schleswig-Holstein. Detailinformationen sowie Kommentare können in Rössel (1997, 1998, 2000) nachgelesen werden. In den gesetzlichen Ausführungen wird auch die Haltung von Giftschlangen geregelt. Sie ist u. a. an einen separaten und verschließbaren Raum gekoppelt, womit eine Freilandhaltung in diesen Bundesländern bereits entfallen dürfte. Doch auch in den anderen Ländern Deutschlands ist von einer Haltung von Giftschlangen in Freilandterrarien dringend abzuraten, denn:

„Wer ein Tier hält, das gefährlich werden könnte, sollte ungeachtet der hier aufgeführten Vorschriften unbedingt auf dessen ausbruchsichere Unterbringung achten; andernfalls sind erhebliche Folgen zu befürchten. Wer ein gefährliches

Vor unliebsamen Einblicken geschütztes Freilandterrarium Foto: M. Hallmen

Tier fahrlässig entweichen lässt, muss, wenn dieses Tier Dritte schädigt, damit rechnen, wegen fahrlässiger Körperverletzung oder im Extremfall sogar wegen fahrlässiger Tötung strafrechtlich zur Verantwortung gezogen zu werden. Aber auch, wenn das Tier keinen Schaden anrichtet, ist mit einer Verfolgung nach § 121 des Ordnungswidrigkeitengesetzes zu rechnen, wenn das Tier aufgrund einer Fahrlässigkeit entkommen konnte. Außerdem ist der Tierhalter nach § 833 des Bürgerlichen Gesetzbuches zum Ersatz jeden Schadens verpflichtet, den sein Tier anrichtet, und zwar auch dann, wenn ihn am Entkommen des Tiers keinerlei Verschulden trifft. Hinzu kommen noch Schmerzensgeldansprüche des Verletzten. Wer ein solches Tier entkommen lässt, muss – auch wenn ihn keine Schuld trifft – ferner die Kosten des Fangs bezahlen; wenn hierfür die Feuerwehr im Einsatz ist, kommen schnell einige Hundert Mark zusammen."

(aktualisiert nach: RÖSSEL 2000)

Die genannten Aspekte sollten im Sinne einer verantwortungsbewussten Haltung von Tieren zu der unbedingten Einsicht führen, dass Giftschlangen in Freilandterrarien grundsätzlich nichts zu suchen haben, von wenigen begründeten Ausnahmefällen abgesehen.

Rechtsstreitigkeiten können erhebliches Geld kosten. Wer mit einer streitfreudigen Nachbarschaft gesegnet ist, der sollte sich vor dem Bau eines Freilandterrariums für Schlangen den Abschluss einer Rechtsschutzversicherung wohl überlegen. Der Bundesverband für fachgerechten Natur- und Artenschutz (BNA) bietet speziell auf mögliche Problemfälle für Terrarianer zugeschnittene Rechtsschutzversicherungen an (HAUT 1997, RÖSSEL 1998). Sie umfassen auch verwaltungsrechtliche Streitigkeiten, die von den üblichen Rechtsschutzversicherungen nicht abgedeckt werden, in die der Terrarianer jedoch leicht geraten kann.

3. Ausführung des Baus

Vor die Hinweise zur praktischen Ausführung der Arbeiten an einem Freilandterrarium für Schlangen seien ein paar nachdenkliche Worte gestellt, die mir beim Bau meiner Anlage immer wieder in den Sinn kamen und deren tiefen Wahrheitsgehalt ich nach und nach zu verstehen begann.

„Vorab soll nicht unerwähnt bleiben, dass der Weg von der Planung bis zur Realisierung einer Freianlage für den Amateur unter Umständen (...) ein langwieriges Unterfangen darstellen kann. Ein Freilandterrarium (...) sollte weder (aus Wunschvorstellungen) überstürzt begonnen, noch unter Zeitdruck fertig gestellt werden. Man tut gut daran, sich dem Motto ‚gut Ding will Weile haben' zu verschreiben."

(SCHMIDT-LOSKE 1998)

Fundament

Ein massives Fundament z. B. aus Beton ist für ein Freilandterrarium für Schlangen nicht zwingend notwendig. Im Laufe meiner Recherchen für dieses Buch habe ich zahlreiche auch bereits sehr betagte Anlagen gesehen, die ohne ein Gramm Beton voll funktionsfähig waren. Es gilt, sich von dem Gedanken zu verabschieden, immer für die Ewigkeit bauen zu müssen. Vielmehr muss man sich die Frage stellen: Wozu soll ein mögliches Fundament überhaupt dienen? Da kommt einem zunächst die Stabilität der Anlage, insbesondere der Umrandungen, in den Sinn. Wer die Wände einer solchen Anlage oder eine stabilisierende Rahmenkonstruktion in Beton setzt, wird sicherlich ein sehr stabiles Freilandterrarium errichten. Doch dass es auch zahlreiche andere und nicht minder haltbare Konstruktionsansätze gibt, werden die folgenden Seiten belegen. Ein weiterer Grund, der für Beton zu sprechen scheint, ist das Unterbinden „unterirdischer Aktivitäten", die zum Ausbrechen der Schlangen führen könnten. Darunter sind grabende Verhaltensweisen einiger Schlangenarten (von innen nach außen) oder aber von z. B. Wühlmäusen (von außen nach innen) zu verstehen. Doch auch hier können je nach Ausgangssituation z. B. tief in den Boden eingesenkte Eternitplatten einen gleichwertigen Schutz bieten. Es will also gut überlegt sein, ob man ein massives Betonfundament wirklich braucht. Denn den Nachteil mussten auch schon viele Erbauer von Freilandterrarien erfahren: Wer im Nachhinein etwas an seiner Anlage verändern will, hat sich mit einem Betonfundament ein nur schwer zu sprengendes Korsett auferlegt. An manchen Standorten, wie z. B. auf einem Garagendach, verbieten sich massive Fundamentkonstruktionen von selbst.

Als Alternative können fast alle Umrandungsmaterialien einfach in den Boden eingegraben werden. Das geht mit Glas, mit Wellplastik oder mit Eternit ebenso wie mit zahlreichen anderen Werkstoffen. Die Tiefe der Umrandung im Boden wird dabei wieder von den speziellen Anforderungen abhängen und in der Regel zwischen 10 und 80 cm schwanken. Es kann auch sein, dass man ein bestimmtes Umrandungsmaterial nicht über das im Handel erhältliche Maß hinaus bearbeiten kann oder will. Man versenkt dann einfach den nicht benötigten Überstand im Boden. Handelt es sich dabei um ein in sich stabiles Material, so sind kaum noch weitere Verankerungen und Stabilisierungen notwendig.

Wer die Umrandungen seiner Anlage einbetonieren will, der sollte das Fundament frostsicher anlegen, d. h. in unseren mitteleuropäischen Breiten rund 80 cm tief. Böden, die sehr trocken und sandig sind, sind nicht in gleichem Maße durch Frost gefährdet wie feuchte und schwere Böden. Bei meinem Freilandterrarium, auf sandigem Grund und im Windschatten des Hauses gelegen, erwiesen sich 40 cm Tiefe des Betonfundamentes bislang als ausreichend. Ein massives Fundament von 150 cm Tiefe scheint nur in Ausnahmefällen notwendig, wie z. B. bei hoher Wühlmauspopulation. Wenn man keine Eile hat, kann man zuweilen günstig an Restmengen von Fertigbeton kommen. In jedem Fall muss der Beton mit ausreichend Armierungseisen versehen werden, damit er nicht reißt. Und Vorsicht im Detail! So wurde mir z. B. über die Flucht kleinerer Schlangen aus einer Freianlage berichtet, die über die Löcher entkamen, die von den Verbindungsstiften der Schaltafeln bei den Betonarbeiten stammten (U. STRATHEMANN, pers. Mittlg. 2001). Ein Betonfundament kann auch über die Erde als Betonmauer gezogen werden und somit gleich als Umrandung eines Freilandterrariums dienen. Oder aber es formt einen Sockel, auf dem das eigentliche Terrarium dann in Augenhöhe errichtet wird. In einem solchen Sockel kann ein technischer Teil der Anlage (z. B. Strom- und/ oder Wasserversorgung) untergebracht sein. Aus dieser Konstruktion ergibt sich auch eine sehr bequeme Arbeitshöhe.

In manchen Fällen ist es notwendig, mit dem Fundament unter der gesamten Anlage einen weiteren Ausbruchsschutz anzubringen. Engmaschige Drähte oder Gazen sind hiefür geeignet. Alle Materialien müssen jedoch unbedingt witterungsbeständig sein, da sie ihren Zweck ansonsten in dauerfeuchter Erde nicht lange erfüllen. Daher sind nur verzinkte oder gummierte Metalldrähte zu verwenden. Es liegen auch gute Erfahrungen mit Kunststoffgaze vor.

Unabhängig von der Art des Fundamentes sollte man über eine Möglichkeit für eine eventuelle Stromversorgung im Freilandterrarium nachdenken. Auch wenn man noch keine künstliche Wärmequelle eingeplant hat, so kann sie sich vielleicht doch über Jahre hinweg als notwendig erweisen. Auch der Wunsch nach einer Innenbeleuchtung der Anlage oder nach einem Bachlauf (Wasserpumpe) erfordern einen Stromanschluss im Inneren der Anlage. Dieser erfolgt am sinnvollsten unterirdisch. Ein Erdkabel ist beim Bau der Anlage schnell verlegt und spart eventuellen späteren Aufwand.

Ausschachtungsarbeiten für ein Betonfundament Foto: E. Stange

Der Fertigbeton wird geliefert Foto: E. Stange

Letzte Feinarbeiten am Betonfundament Foto: E. Stange

Eine eventuelle Stromversorgung will von Beginn an mit bedacht sein. Foto: M. Hallmen

Drainage

In die Ausführung der Arbeiten am Fundament der Anlage müssen Überlegungen zu einer eventuellen Drainage einbezogen werden. Eine Drainage ist in erster Linie vom Untergrund am Standort abhängig. Während Wasser in lockeren und sandigen Böden schnell versickert, kann sich über schweren und lehmhaltigen Böden Regenwasser an der Oberfläche sammeln und über längere Zeit stehen bleiben. Besonders in verregneten Frühjahren führt das bei den Schlangen oft zu Aktivitätsverlust und gesundheitlichen Problemen. In solchen Fällen hat sich eine Drainage als hilfreich erwiesen. Sie kann unter der gesamten Anlage angelegt werden oder nur unter einem ausgewählten Teil. In manchen Fällen reicht es auch aus, das Überwinterungsquartier als tiefsten Punkt des Freilandterrariums und damit als Sammelstelle des Wassers mit einer Drainage zu versehen.

Für die Drainage wird an der betreffenden Stelle ein Teil des Bodengrundes bis in eine Tiefe von 40–120 cm ausgehoben. An die tiefste Stelle kann man ein oder mehrere im Fachhandel erhältliche Drainagerohre legen, die man mit leichtem Gefälle unter der Anlage herausführt, um sie z. B. im Boden einer Wiese auslaufen zu lassen oder sie an die Kanalisation eines nahe gelegenen Hauses anzuschließen. Die ausgehobene Stelle wird zu zwei Dritteln mit grobem Kies, Steinschutt oder Sand aufgefüllt. Darüber legt man eine Schicht Erde, die später der Bepflanzung als Bodengrund dient. Zwischen Kies und Erdschicht kann man ein handelsübliches Teichfließ als Sperrschicht einbringen, um ein Verschlämmen der Drainageschicht zu vermeiden.

Umrandung

Das wichtigste Bauelement eines Freilandterrariums für Schlangen ist seine Umrandung. Sie ist für den erfolgreichen Betrieb der Anlage von entscheidender Bedeutung. Durch ihre zumindest zur Innenseite hin glatten Oberfläche und ihre Höhe sichert sie das Terrarium vor Ausbrüchen der Schlangen. Selbst beim Bau einer „Grubenanlage“ nach HENKEL & SCHMIDT (1998) kommt man um eine glatte Umrandung nicht herum. Die verwendeten Materialien müssen daher unbedingt witterungs- und UV-beständig sein. Das gilt für Befestigungen mit Schrauben, Klebern, Nägeln u. Ä. ebenso wie für das Wandmaterial an sich. Alle Stöße, Kanten und Ecken müssen absolut ausbruchsicher gearbeitet werden. Ausbrechende

Unabhängig vom Material ist auf einen leichten Zugang in die Anlage zu achten. Foto: M. Hallmen

Schlangen bedeuten nicht nur möglichen Ärger mit den Nachbarn, sondern tragen eventuell auch zur Verfälschung der heimischen Reptilienfauna bei – ganz abgesehen davon, dass uns die Tiere dann für unsere ureigensten Interessen fehlen. Die Höhe der Umrandung richtet sich nach der Größe der Schlangenarten, die in der Anlage gehalten werden sollen. Für kleinere Arten mögen 60–70 cm bereits genügen, großwüchsigere können 130 cm und mehr benötigen.

Grundsätzlich kommt eine Vielzahl an unterschiedlichen Materialien in Frage. Alle haben bei ihren Eigenschaften und bei der Verarbeitung Vor- wie Nachteile. Das „beste" Material gibt es nicht! Jedes Freilandterrarium entsteht unter einer Fülle von individuellen Voraussetzungen am jeweiligen Standort, sodass jeder selbst entscheiden muss, welche Materialien er für seine Anlage verwenden will. Die Verfügbarkeit, die Finanzierbarkeit sowie die Verarbeitbarkeit durch den Erbauer seien hier nochmals kurz als wichtigste Kriterien für die Auswahl genannt. Ästhetische Gesichtspunkte spielen vor allem bei privaten Anlagen eine nicht unerhebliche Rolle.

Rahmenkonstruktionen

Viele der gängigen Materialien für Umrandungen von Freilandterrarien für Schlangen benötigen eine zusätzliche Stabilisierung. Im Boden verankerte Metallprofile (z. B. einbetonierte verzinkte T-Eisen) können diese Aufgabe übernehmen. Auch Aluminiumprofile sind gut zu verarbeiten und beständig. Für manche Umrandungen wird man am besten eine regelrechte Rahmenkonstruktion bauen, in deren Zwischenräume die jeweilige Umrandung eingepasst wird. Hierzu eignen sich auch Stecksysteme aus Aluminium. Dabei ist wieder darauf zu achten, dass keine vertikalen Hohlräume oder

Rahmenkonstruktion aus Aluminiumprofilen mit einem „Fundament" aus Tischlerplatten. Foto: H. Kreyerhoff

Elemente werden miteinander verschraubt. Foto: H. Kreyerhoff

Vor dem Einkleben der Glasscheiben wird die Konstruktion eingegraben und justiert. Foto: H. Kreyerhoff

Spalten entstehen, in denen sich die Schlangen nach oben bewegen und die Umrandung überwinden können. Es empfiehlt sich daher, alle Rahmenelemente von außen anzubringen bzw. die Wände von innen an ihnen zu befestigen. Besonderes Augenmerk gilt vor allem in öffentlichen Anlagen der Oberkante der Umrandungen. Besucher werden sich darauf lehnen, Taschen werden darauf abgestellt, Kinder werden hochgehoben und darauf abgesetzt, und manche werden vielleicht – aus welchen Gründen auch immer – mit Gegenständen darauf schlagen. In jedem Fall wird die Oberkante starken Belastungen unterzogen, was für jedes Material – ganz besonders aber für Glas – problematisch werden kann. Ich rate zu einer gründlichen Stabilisierung und Befestigung der Kanten, die möglichst das komplette Gewicht abfängt und über Träger auf ein festes Fundament leitet.

Unterschiedliche Möglichkeiten, Glas an Rahmenkonstruktionen zu befestigen, z. B. Verkleben mit Silikon (links) oder Verschrauben durch eine Bohrung im Glas (rechts) Foto: M. Hallmen

Glas

Umrandungen aus Glas erlauben sicherlich ein Maximum an Lichteinfall in das Freilandterrarium und zudem ebenfalls ein Maximum an Beobachtungsmöglichkeiten. Je nach Größe der Glasplatten ist eine Stärke von 6 mm zu gering, da Spannungen schnell zum Platzen führen könnten. 8–10 mm sind die am häufigsten verwendeten Glasstärken bei kleineren Privatanlagen. Bei öffentlichen Anlagen gehen die Glasstärken je nach Konstruktion der Anlagen auch weit über 10 mm hinaus. Normales Fensterglas ist für Kleinanlagen in der Regel ausreichend. Wo jedoch regelmäßig Kinder spielen, ist Glasbruch vorprogrammiert. Wenn wie in öffentlichen Anlagen viele Besucher zu erwarten sind, würde ich ebenfalls unbedingt Verbundsicherheitsglas (VSG) empfehlen – auch, wenn es teurer als Fensterglas ist. Wenn es zerbricht, dann fällt es, wie von den Windschutzscheiben der Autos her bekannt, nicht gleich in sich zusammen, sondern bewahrt seine Form und verhindert damit das Ausbrechen der Schlangen. Glas kann man natürlich beim Glaser oder aber

Ein Freilandterrarium aus Glas „über Eck“ Foto: M. Hallmen

speziellen Glaskontors beziehen. Wer sich das Zuschneiden der Platten nicht zutraut, kann es gleich nach Maß bestellen. Man sollte unbedingt darauf achten, dass die Kanten des Glases abgeschliffen sind. Andernfalls kann man nach der Installation auf alle offenen Kanten kleinere U-Profile aus z. B. Aluminium mit Silikon aufkleben und die Kanten so „entschärfen" (FILITZ 2000a). Bei der Verarbeitung des Glases sollte man sich nicht über das Gewicht einer 8 mm starken Glasplatte täuschen. Glas ist schwer! Die Platte selbst muss auf mehreren kleinen Sockeln aus z. B. Hartgummi ruhen. Sie wird mit UV-beständigem Silikon an weiteren Platten oder an stabilisierenden Profilen verklebt oder durch vorgefertigte Bohrungen verschraubt. Das saubere Verkleben mit Silikon will gelernt sein! Einige raten von Silikon zum Verkleben von Glas ab. Und in der Tat ist das Entfernen von altem Silikon beim Austausch zerbrochener Scheiben mühsam. Fensterkitt erfüllt den gleichen Zweck, lässt sich bei Reparaturen jedoch leichter entfernen. Diese Überlegung spielt jedoch nur dort eine Rolle, wo regelmäßig mit Glasbruch gerechnet werden muss. Glasscheiben können auch einfach mit Holzleisten fixiert werden, wobei sich dabei schneller Spannungen oder frei werdende Hohlräume ergeben. Wer Glasscheiben tiefer in den Boden eingräbt, tut gut daran, sie vor Erde und darin enthaltenen Steinen durch eine vorgelagerte Schicht aus Styropor zu schützen.

Freilandterrarium aus alten Fensterscheiben samt Fensterrahmen
Foto: M. Hallmen

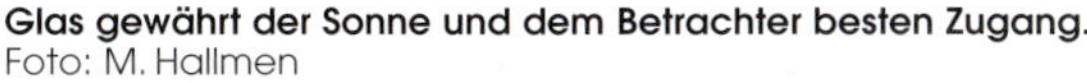

Glas gewährt der Sonne und dem Betrachter besten Zugang.
Foto: M. Hallmen

Wer preiswert an Glas kommen möchte, der kann bei Schreinereien oder Fensterbaufirmen nach alten kompletten Fenstern fragen. Man kann das Glas dann aus den Rahmen herausschneiden oder die kompletten Fenster samt Rahmen in ein Freilandterrarium für Schlangen integrieren (HENKEL & SCHMIDT 1998). Dann sind die Glaselemente jedoch nicht mehr ganz so flexibel zu verwenden, da bestimmte Maße vorgegeben sind. Es spielt dabei keine Rolle, ob es sich um Fenster aus Einfach- oder Doppelglas handelt. Auch das Material der Fensterrahmen (z. B. Holz, Kunststoff, Aluminium usw.) ist weitgehend unerheblich. Es ist auch möglich, komplette Freilandterrarien für Schlangen aus unterschiedlichsten alten Fenstern zu bauen. Langjährige Erfahrungswerte zeigen aber, dass sich die Fenster vor allem an den Stößen und Übergängen verziehen können und es dann zum Entweichen von Tieren kommt. Auch kann Fensterkitt bröckeln, oder die Farben gestrichener Fenster blättern ab und die Oberfläche der Hölzer wird mit der Zeit so rau, dass Schlangen daran emporklettern und entkommen können. Bei der Verwendung alter Fenster empfiehlt sich eine jährliche Kontrolle auf Dichtigkeit, bei der eventuell kleinere Ausbesserungsarbeiten mit Schleifmaterial oder Fensterkitt notwendig

Umrandung aus L-Steinen aus Beton Foto: A. Schmidt

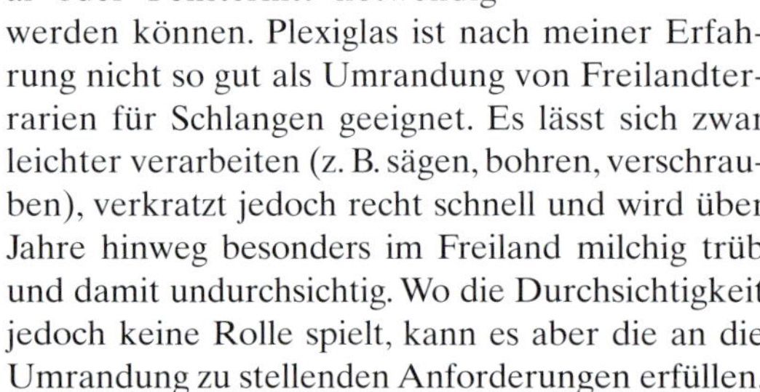

werden können. Plexiglas ist nach meiner Erfahrung nicht so gut als Umrandung von Freilandterrarien für Schlangen geeignet. Es lässt sich zwar leichter verarbeiten (z. B. sägen, bohren, verschrauben), verkratzt jedoch recht schnell und wird über Jahre hinweg besonders im Freiland milchig trüb und damit undurchsichtig. Wo die Durchsichtigkeit jedoch keine Rolle spielt, kann es aber die an die Umrandung zu stellenden Anforderungen erfüllen.

Beton

Beton ist sicherlich eines der festesten und beständigsten Materialien für Umrandungen von Freilandterrarien für Schlangen. Aber – und damit gleich zu einem „Nachteil“: Umso genauer muss man sich vorab überlegen, was man damit tut! Beton wird meist in zuvor erstellte Verschalungen aus Holz gegossen. Die Bretter müssen so gut fixiert sein, dass sie dem nicht unerheblichen Druck von flüssigem Beton standhalten. Die Mühe, die man in eine ordentliche und stabile Verschalung investiert, lohnt sich. Man wird sie sinnvollerweise über den Hohlräumen für ein Fundament errichten, sodass Fundament und Umrandung ineinander übergehen. Der Beton kann in kleineren Mengen im Betonmischer selbst hergestellt werden. Oder man lässt ihn sich als Fertigbeton von einer Fachfirma liefern. Er ist dann allerdings deutlich teurer. Für kleinere Mengen – und ein Freilandterrarium für Schlangen erfordert nach deren Maßstab fast immer nur eine „geringe“ Menge Beton – muss man bei ihnen häufig noch einen Mindermengenzuschlag bezahlen. Günstig wird es, wenn man einige Tage oder Wochen Geduld hat und sich für die Restmenge einer Großlieferung anmeldet. Sie muss irgendwo entleert werden und ist dann häufig günstiger zu haben. Beim Einfüllen des Betons in die Verschalung muss unbedingt auf den regelmäßigen Einbau von Armierungseisen und/oder Baumatten geachtet werden, damit der Beton später nicht reißt. Nach dem Entfernen der Schalbretter muss die gesamte Oberfläche der Betonumrandung nach eventuellen Löchern abgesucht werden. Sie können entstehen, wenn der Beton in der Schalung nicht richtig verdichtet wurde. Wem das alles zu viel Aufwand ist, der kann Betonarbeiten auch komplett von Fachfirmen ausführen lassen.

Beton gibt es aber auch in allerlei fertigen Einzelelementen, die sich ebenfalls für die Umrandung von Freilandterrarien eignen. Betonsteine lassen sich z. B. zu Mauern verarbeiten. Betonringe, wie sie etwa. für den Bau von Kanalrohren verwendet werden, gibt es in unterschiedlichen Durchmessern. Ein solcher Ring ein wenig in den Boden eingelassen, und schon ist das Freilandterrarium so gut wie fertig. Natürlich ist man aufgrund des immensen Gewichtes für die Anlieferung und das Aufstellen auf eine Fachfirma angewiesen. Anlagen dieses Typs mit Durchmessern von 3–4 m und einer Höhe der Umrandung von 120 cm haben sich z. B. im Reptilienzoo Happ (Klagenfurt, Österreich) über viele Jahre hinweg bewährt. Rechteckige Betonplatten ergeben in den Boden eingelassen ebenfalls glatte und brauchbare Wände als Umrandungen (HEIDT 1983). Mit L-Steinen kann man noch einfacher arbeiten, denn sie müssen erst gar nicht in den Boden eingegraben werden, da sie von sich aus stehen. Sie müssen jedoch vor dem Unterwühlen durch die Schlangen oder durch Nager gesichert werden. In einer Freianlage zur Öffentlichkeitsarbeit im Rahmen des Würfelnatter-Projektes der Deutschen Gesellschaft für Herpetologie und Terrarienkunde (DGHT) wurde diese Technik mit Erfolg angewendet. In jedem Fall ist jedoch auf eine sorgsame und dauerhafte Verbindung der Nahtstellen zu achten, an denen gerne Spalten entstehen. Wenn die Oberfläche des Betons zu rau erscheint und Schlangen an ihr hochklettern könnten, so muss er mit entsprechenden Maschinen abgeschliffen werden.

Mauerwerk

Mauern können sehr dekorativ wirken. Es ist dabei lediglich eine Frage des Geschmacks, ob man Natur- oder künstliche Steine bevorzugt. Selbstverständlich ist jedem Leser klar, dass sich in Mauerwerk schnell „Trittstufen“ für Schlangen ergeben, die sie zielsicher zum Ausbrechen nutzen

Dekorative Klinkersteine als Rückwand eines Freilandterrariums für Schlangen Foto: H. Kreyerhoff

werden. Das kann man jedoch verhindern, indem man Kunststeine, wie z. B. Klinker, so mauert und vor allem anschließend so verfugt, dass die Wand im Innenteil des Terrariums glatt genug wird, um vor Ausbrüchen zu schützen. Auch Natursteinmauern kann man ausbruchsicher machen. Wird eine unebene Mauer von innen mit einem der hier aufgelisteten Wandmaterialien verkleidet, so ist die Anlage sicher. Es entsteht quasi ein Innenterrarium; oder: Die Mauer ist nur Verkleidung für die eigentliche Umrandung des Freilandterrariums. Besonders gut kombinieren lässt sich diese Technik mit Beton. Vor einem Schalbrett wird die Mauer aufgeschichtet. Parallel zum Mauern wird der Zwischenraum von Steinen und Brett bei jeder Lage Steine mit Beton aufgefüllt. Nach Aushärten des Betons hat man außen eine schmucke Steinmauer und im Innern des Terrariums eine glatte Betonwand. Wird die Steinmauer so angelegt, dass sie z. B. in Form einer nischenreichen Natursteinwand als Rückwand dient, so lässt sich die Anlage durch eine etwas ausladendere Abweiskante (s. unten) gesichert werden. Je nach Standort ist noch zu bedenken: Mauern können nicht nur Schlangen als Ausbruchshilfe, sondern auch Mäusen als Einbruchshilfe dienen (Schmidt-Loske 1998).

Eternit

Eternit ist ebenfalls gut für Umrandungen von Freilandterrarien für Schlangen geeignet. Es ist sehr beständig und ab einer Stärke von 8–10 mm besonders formstabil. Es verzieht sich auch bei intensiver Sonneneinstrahlung kaum. Eternit lässt sich leicht sägen, bohren und verschrauben und ist damit auch von Hobbyheimwerkern gut zu handhaben. Die Erfahrungen öffentlicher Anlagen zeigen, dass es ein sehr strapazierfähiges Material ist (Hallmen 1997). Umrandungen aus Eternit können auch im Nachhinein noch bearbeitet werden. So ist es bei ihnen ein Leichtes, mit einer Stichsäge Löcher hineinzubringen und kleinere oder größere Elemente aus Glas in die Hohlräume zu bauen. Damit kann eine undurchsichtige Umrandung zumindest teilweise transparent gemacht werden. Eternit hat darüber hinaus den

Stabile Umrandung aus Eternit mit Abweiskante
Foto: M. Hallmen

Vorteil, dass es nicht so glatt wie Glas oder lackierte Flächen ist und daher z. B. junge Wassernattern nicht an ihm hochkriechen und entkommen können. Störend ist vielleicht das blasse Einheitsgrau. Doch mit etwas Farbe oder zumindest von außen mit einer Bepflanzung oder Schilfmatten lässt sich dieser Nachteil leicht kaschieren. Eternit ist in unterschiedlichen Maßen in Baustoffmärkten erhältlich.

Kunststoffe

Ähnliche Eigenschaften wie Eternit weisen auch Platten aus harten Kunststoffen auf, wie sie z. B. bei Verblendungen von Balkonen Verwendung finden. Sie sind bereits in einer Stärke von nur 6 mm auch über eine Länge von 3 m extrem formstabil. Die Verarbeitung entspricht ungefähr der von Eternit. Ein Vorteil dieses Materiales ist, dass im Fachhandel eine breite Fülle unterschiedlichster Farben zu erhalten ist. Ich habe dieses Material als Rückwand und eines der Seitenteile meines

Rückwände aus Kunststoffplatten Foto: M. Hallmen

Freilandterrariums verarbeitet und seine Vorzüge dabei schätzen gelernt. Es lässt sich nicht nur wie Holz verarbeiten (sägen, bohren, schrauben usw.), sondern ich konnte es ebenso mit Aluminium oder Glas mittels Silikon verkleben. Die Platten können z. B. über den Baustofffachhandel bezogen werden.

Stegplatten gehören ebenfalls in die Gruppe der harten Kunststoffe, die sich für Umrandungen von Freilandterrarien für Schlangen eignen. Sie teilen die meisten Eigenschaften mit den beschriebenen Hartkunststoffplatten. Bei ihrer Verwendung muss man darauf achten, dass die Stege immer in Richtung der stärksten zu erwartenden Belastungen verlaufen. Bei Umrandungen heißt das: Senkrecht zum Boden. Obwohl man durch sie nicht hindurchsehen kann, erlauben sie doch deutlich mehr Lichteinfall in die Anlage als gänzlich undurchsichtige Materialien. Sie sind ein vergleichs - weise leichter Baustoff. Wenngleich sie in sich recht stabil sind, so ist bei größeren Terrarien eine zusätzliche Stütze ratsam, z. B. in Form von im Boden verankerten Metallprofilen. Nahezu alle Baumärkte führen Stegplatten in ihrem Sortiment.

Weniger stabil und damit auf den ersten Blick ungeeigneter als Umrandung einer Schlangenfreianlage erscheinen glasfaserverstärkte Kunststoffe, die vornehmlich im Gartenfachhandel als Meterware angeboten werden. Sie sind in glatter oder in gewellter Ausführung meist in Breiten zwischen 30–200 cm und in Längen von über 10 m erhältlich. Doch was anfangs zu labil und hinfällig für eine dauerhafte Anlage erscheint, entpuppt sich bei näherer Betrachtung durchaus als echte Alternative auch für Feilandterrarien, die auf eine längere Laufzeit angelegt sind. Die Vorteile des Werkstoffes liegen auf der Hand: Er ist preiswert, leicht, einfach zu verarbeiten und – im Falle eines Falles – auch wieder leicht zu entfernen. In der einfachsten Form wird das Material in der passenden Länge im Kreis oder Oval für 30–40 cm tief in den Boden eingegraben Die sich überlappenden

Enden verschraubt man bündig, und schon ist ein Freilandterrarium für Schlangen umrandet. Bauzeit: Nur ein Tag – auch das ein bestechendes Argument für diese Bauweise! Um die mangelnde Stabilität vor allem bei starken Winden und Stürmen auszugleichen, genügt es oft, im Abstand von ca. 1 m direkt hinter dem Material von außen Eisenstangen in den Boden zu schlagen und das Well-Plastik z. B. durch zwei kleine Löcher mittels eines nicht rostenden Drahtes daran zu befestigen. Derartige Anlagen überdauern Jahrzehnte unbeschadet. Wer es massiver liebt, der kann das Well-Plastik auch einbetonieren (HENKEL & SCHMIDT 1998). Die Stabilität erhöht sich dadurch weiter. Ein Umknicken wird dadurch jedoch nicht in jedem Fall verhindert. Als Schutz für die Oberkanten und als weitere Versteifung des Materials bietet der Fachhandel passende Profile aus Aluminium an, die auf die Kanten gesetzt werden und z. B. mit der Wellenform des Materials verkeilen. Man kann die Profile auch noch zusätzlich mit Silikon an einigen Stellen verkleben. Auf derart gesicherte Wellplastik kann man sich mit seinem ganzen Körpergewicht lehnen, ohne dass die Umrandung Schaden nimmt. Bei Herrn HALLMANN liegen mit einem Freilandterrarium für Schlangen aus in den Boden gegrabenem Wellplastik bereits fast 40 Jahre lange beste Erfahrungen vor. Also wirklich eine echte und preiswerte Alternative! Über die Jahre kann das Material allerdings an feuchten Stellen bemoosen. An solchen Stellen besteht dann in Kombination mit Feuchtigkeit die Gefahr, dass Schlangen ausbrechen.

Umrandung eines Freilandterrariums für Schlangen aus Well-Plastik
Foto: G. Hallmann

Alle zur Umrandung verwendeten Kunststoffe werden während der Sommermonate intensiver Bestrahlung ausgesetzt. Dabei dürfen sie sich nicht übermäßig verformen (SCHMIDT-LOSKE 1998). Dies gilt insbesondere für Folien, aus denen sich ebenfalls schlangensichere Umrandungen für Freilandterrarien herstellen lassen. Diese Technik wird häufig in der Freilandforschung angewandt, wenn es gilt, vergleichsweise große Areale abzugrenzen. In den Boden gehauene Holzpfosten und darüber quer vernagelte Latten dienen als Rahmen, an den von innen Folie getackert wird, die zuvor für einige Dezimeter im Boden eingegraben wurde. Hierfür ist 0,8 mm dünne Teichfolie ausreichend. Es kommt jedoch auch jede andere UV-beständige Kunststofffolie in Frage. Die Technik des Spannens einer Folie in einen Holzrahmen wurde auch schon bei kleineren Privatanlagen erfolgreich erprobt (ORTH 2001). Dabei ist zu bedenken, dass sich die zumeist schwarze Folie stark aufheizt, was je nach Konstruktion schnell zur Überhitzung der Freilandterrarien führen kann. Je nach der Größe der Folienfläche ist diese auch sehr windempfindlich. Die Fixierung an zusätzlichen dicht aufeinander folgenden Verstrebungen kann hier nur bedingt Abhilfe schaffen. Doch nicht jeder Standort ist so extrem windexponiert. Daher stellen auch Umrandungen aus Folie eine schnell zu verwirklichende und preiswerte Alternative beim Bau von Freilandterrarien für Schlangen dar.

Gaze

Keine Probleme bei der Belüftung und damit mit Überhitzung wird es hingegen geben, wenn die Umrandungen aus Kunststoff- oder Metallgaze besteht. Diese „luftigen“ Materialien sind zwingend auf einen Rahmen angewiesen, an dem sie befestigt werden. Die Gazen können angetackert, eingeklemmt oder angeklebt werden. Dabei ergibt sich in der Praxis häufig das Problem, dass sich das flexible Material nicht so einfach spannen lässt und man unweigerlich meint, mehr als nur zwei Hände zu brauchen. Als Problemlösung fand ich folgende Methode realisiert (F. MITTENZWEI, pers. Mittlg. 2001): Zunächst wird das nur grob zugeschnittene Gazeelement mittels eines zuvor rund um den Rahmen angebrachten Bandes aus selbstklebendem Klettband fixiert – in der Art, wie man ein Fenster mit Fliegengitter versieht.

Kombination von Metallgaze, Stegplatten und Holz als Umrandung eines Freilandterrariums für Schlangen
Foto: M. Hallmen

Anschließend schneidet man die Gaze z. B. mit einem scharfen Messer so ab, dass noch ca. 2 cm über das Klettband hinaus abstehen. Der Überstand wird mit Silikon am Rahmen verklebt. Dadurch entsteht eine straff gespannte Gazefläche. Vorsicht bei der Wahl des Materials: Nicht jede Gaze – ob Kunststoff oder Metall – ist über Jahre beständig! Bei der Farbe sollte man sich für schwarz entscheiden; es ist optisch am neutralsten, und man kann am besten durch die Maschen hindurchsehen. Gaze ist das Bauelement der Wahl bei allseitig geschlossenen „Käfiganlagen“, die ausreichend Belüftung benötigen.

Metall

Nach all diesen Ausführungen bedarf es nur wenig Fantasie, um sich auch Metall als Werkstoff für die Umrandung von Freilandterrarien für Schlangen vorzustellen. Zunächst bieten sich diverse Bleche an. Je nach Stabilität sind sie wie Eternitplatten oder Well-Plastik einsetzbar. Bei Bohrungen z. B. von verzinkten Blechen ist zu beachten, dass die Bohrlöcher gegen Rost geschützt werden müssen. Sehr gut zum Bau von Freilandterrarien geeignet sind außerdem engmaschige Metallgitter. Auch sie erweisen sich in verzinkter Version als am beständigsten. Schwarz gummierte Gitter eignen sich ebenfalls gut. Je nach Konstruktion kann es sinnvoll sein, wenn man die Technik des Schweißens beherrscht oder jemanden kennt, der das Knowhow und die Geräte dazu hat. Auch Metallgitter bieten sich sehr gut für allseitig geschlossene „Terrarienkäfige“ an. Besonders für öffentliche Anlagen ist dieses Material gut geeignet, um Besucher und Tiere komplett voneinander zu trennen und dennoch rundum Einblicke in die Anlage zu gewähren. Zuweilen fallen fertige Metallgitter in der Industrie oder andernorts als Abfall an und landen z. B. auf Schrottplätzen. Eine gezielte Nachfrage könnte eine preiswerte Umrandung für ein Freilandterrarium für Schlangen ergeben. Nicht vor Korrosion geschützte Metallgitter zeigen rasch rostige Stellen. Die Lebensdauer solcher Freilandterrarien ist von Beginn an begrenzt. Doch nicht jeder Schlangenliebhaber plant seine Anlage für die Urenkel.

Holz

Holz scheint als Material für die Umrandung von Freilandterrarien für Schlangen gänzlich auszuscheiden. Denn schneller als Metall rostet, wird Holz verfaulen – besonders, wenn es Kontakt mit feuchtem Boden hat oder einbetoniert wird. Aber natürlich lässt sich Holz bekanntlich mit Lasuren und Lacken deutlich witterungsbeständiger machen. Die Verwendung von druckimprägnierten Hölzern trägt ein Übriges zur Verlängerung der Haltbarkeit bei. Hölzer mit Bodenkontakt können überdies mit einem Teeranstrich als Schutz vor Feuchtigkeit versehen werden. Damit kommt Holz als Baustoff für Freianlagen durchaus in Betracht. Es ist vor allem ein leicht zu verarbeitender Werkstoff, vergleichsweise preiswert und überall in unterschiedlichsten Ausführungen erhältlich. Selbst aus Holzpalisaden ausreichender Höhe lässt sich eine optisch ansprechende Umrandung bauen, indem man sie von innen z. B. mit einer Folie oder transparentem Plastik verkleidet und damit schlangendicht macht.

Es gibt jedoch ein Holzprodukt, das ohne weitere Imprägnierung selbst im Boden über Jahrzehnte kaum verwittert: Siebdruckplatten! Sie bestehen aus mehreren fest verleimten und witterungsbeständigen Holzschichten, die in ihrer Summe nahezu unverwüstlich sind. Man bekommt sie im Baustoffhandel oder in größeren Schreinereien in den üblichen Handelsmaßen von 250 x 125 cm. Die Stärken variieren von 6 bis über 22 mm. Will man das Material im Boden als Fundamentersatz verwenden, so greift man besser auf dickere Platten zurück. Über der Erdoberfläche erweisen sich bereits Stärken von 10–12 mm als sehr tauglich für Umrandungen von Freianlagen. Mit den leichten Verspannungen dünnerer Platten wird man schnell umzugehen lernen. Die Verarbeitung von Siebdruckplatten entspricht dem Umgang mit anderem Holz. In Kombination mit ihrer Beständigkeit macht sie das zum perfekten Material für den Bau von Freilandterrarien. Obwohl es Siebdruckplatten gibt, die beidseitig absolut glatt sind, weisen die meisten im Handel erhältlichen Platten an einer Seite eine leichte Strukturierung auf. Auch Jungschlangen dürften nur schwerlich an ihnen kletternd entkommen können, aber dennoch sollte man sicherheitshalber die etwas rauere Seite nach außen richten. Siebdruckplatten als Baumaterial wurde bislang in der Freilandterraristik viel zu wenig Beachtung geschenkt.

Beim Bau vieler Freilandterrarien für Schlangen werden nicht nur eines, sondern gleich mehrere der erwähnten Materialien in Kombination Verwendung finden. Dabei gilt es, besonders die Übergangsstellen vorab besonders zu planen, denn es muss jeweils ein geeignetes Mittel für eine schlangendichte Verbindung trotz unterschiedlicher Materialeigenschaften gefunden werden. Wer z. B. zuerst eine Natursteinmauer baut und sich noch keine Gedanken darüber gemacht hat, wie er die sich anschließende Glasfront an der

Tischlerplatten als Umrandung einer Anlage auf einem Garagendach Foto: K. Zöllner

Holz im Verbund mit Plastikgaze und Stegplatten Foto: M. Hallmen

Verbindungsstelle dicht bekommen soll, der wird sich sehr „kunstvolle“ Lösungen einfallen lassen müssen. Doch in Abwandlung eines bekannten Sprichwortes – „viele Probleme, viel Ehr!“ – adeln derartig knifflige Problemlösungen im Nachhinein den Erbauer.

Abweiskanten

Einige Freilandterrarien für Schlangen verfügen als zusätzlichen Schutz vor Ausbrüchen der Insassen über Abweiskanten. Dabei handelt es sich um 10–30 cm breite Streifen unterschiedlicher Materialien, die – an der Oberkante der Umrandung angebracht – senkrecht zu dieser (damit waagerecht oder leicht nach unten geneigt) nach innen in das Terrarium zeigen. Ihr Effekt ist unter Freilandterrarianern durchaus umstritten. Sie sollen Schlangen zurückhalten, die es trotz der glatten Oberfläche der Umrandungen bis an deren Oberkante geschafft haben. Bei Freilandterrarien, deren Umrandungen von innen z. B. aus rauen Steinmauern bestehen, sind sie natürlich nicht nur sinnvoll, sondern absolut notwendig. In solch einem Fall muss die Abweiskante auch etwas breiter ausfallen. Viele Freilandterrarianer verwenden zu diesem Zweck Glas (STRATHEMANN 1995a, BOL 1997a, HENKEL & SCHMIDT 1998). Dabei kommt es jedoch regelmäßig zu Ausbrüchen z. B. junger Wassernattern (STRATHEMANN 1995b), die diese Hürde besonders bei nassen Scheiben mit Bravour nehmen. Will man auch 2–3 g leichte Jungschlangen im feuchten Morgengrauen daran hindern, aufgrund von Kapillarkräften die glatten Wände einschließlich der Abweiskante zu überwinden, so sollte zumindest Letztere nicht aus Glas bestehen. Besser ist ein Material, das nicht so glatt wie Glas ist, um der Flucht über Adhäsion ein Ende zu setzen. Gute Erfahrungen liegen mit Schaumstoffen (UV-beständig), Aluminium- oder Weißblech, Stegplatten oder Holz vor. Den jüngsten Beitrag zur Diskussion um Abweiskanten lieferte STANGE (2002), der unter seine Glasleiste Gaze klebte. Es empfiehlt sich, die Konstruktion leicht zum Boden hin zu neigen, damit Regenwasser ablaufen kann. Durch stehendes Wasser könnten sonst bei Frost unnötige Schäden auftreten. In jedem Falle – auch bei einer Ausführung in Glas – wirft die Abweiskante gerne Schatten, die insbesondere die Fotografen unter den Freilandterrarianern sehr ärgern können. Die auf dem Bild unnatürlich wirkenden Schatten bilden sich nämlich immer bei schönstem Fotowetter und immer über der jeweils am schönsten postierten Schlange. Das war für mich einer der Gründe, bei meiner Anlage auf eine Abweiskante zu verzichten.

Abweiskanten aus Stegplatten Foto: M. Hallmen

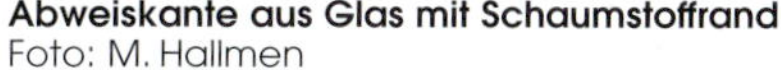

Abweiskante aus Glas mit Schaumstoffrand
Foto: M. Hallmen

Ein Anstrich kann die Umrandung optisch aufwerten.
Foto: K. Zöllner

Anstriche

Nicht alle Materialien für den Bau von Umrandungen eines Freilandterrariums für Schlangen wirken optisch attraktiv. Das Mausgrau von Beton und Eternit oder das Weinrot von Siebdruckplatten ist nicht jedermanns Geschmack. Hölzer z. B. als Verblendungen von Metallprofilen haben nur eine begrenzte Haltbarkeit. In all diesen Fällen hilft ein Anstrich mit einer passenden Farbe. Welche Farbe auf welchem Untergrund am besten haftet, erfährt man im Fachhandel. Bei der Auswahl der Farben überlege man sich gut, ob man einer Modefarbe anhängen will oder sich besser überlegt, ob man die jeweilige Farbe auch noch zehn Jahre später gut finden wird. Aus Sicht der Fotografen unter den Freilandterrarianern kommt ohnehin nur eine unauffällige Farbe in Naturtönen in Betracht. Ölfarben sind mit Vorsicht zu genießen. Es sind Fälle bekannt, in denen Schlangen über diese Wände entkommen sind (HENKEL & SCHMIDT 1998) – wohl auch wieder kapillar über einen Wasserfilm haftend. In stärker beschatteten Anlagen wirken von innen mit schwarzer Teerfarbe gestrichene Wände wie Sonnenkollektoren und tragen zur Erwärmung des Terrariums bei. Über viele Jahre hinweg können Farben abblättern, wodurch „Trittstufen“ für Ausbrüche entstehen. Gefährdete Stellen sind hin und wieder zu kontrollieren.

Ein wichtiger Hinweis zum Schluss: Der Innenausbau eines Freilandterrariums ist mit viel Materialaufwand und Lauferei verbunden. Daher muss unbedingt ein ausreichend großer Teil der Umrandung ausgespart bleiben, um diese Arbeiten ungehindert ausführen zu können. Erst nach vollendetem Innenausbau wird die Umrandung komplettiert! Im Falle eines Betonringes als Umrandung ist dies natürlich nicht möglich – hier platziert man zuerst den Ring und macht sich dann an die Gestaltung.

Das Vario-Freilandterrarium

Das Vario-Freilandterrarium entstand als Problemlösung für folgende Ausgangslage: Ich hatte in meiner neuen Freianlage für Europäische Sumpfschildkröten (*Emys orbicularis*) ein kleines Oval aus Sandsteinen als Trockenmauer aufgeschichtet. Es war ca. 40 cm hoch und hatte die Ausmaße 2 x 1 m. Alsbald zeichnete sich in meinem Kopf das Bild eines neuen Freilandterrariums für Schlangen just über diesem schmucken Sandsteingebilde ab. Einziges Problem: Das Mäuerchen war recht instabil, der ein oder andere Stein kippelte, und ich konnte wohl davon ausgehen, dass der Untergrund im Laufe nur weniger Jahre arbeiten und sich verschieben würde. Denkbar schlechte Voraussetzungen für Glaswände, die keine Spannung erfahren dürfen. Die inzwischen aufgefüllte Erde im Innenraum wollte ich aber nicht wieder ausheben, um mühevoll und mit viel Materialaufwand die Natursteinmauer mit stabilisierendem Beton zu hinterfüttern. Da kam mir die Idee vom Vario-Freilandterrarium.

Grundgerüst ist ein Rahmen aus druckimprägnierten Kanthölzern, der sein Eigengewicht und z. B. das von Glasplatten in seinen Zwischenräumen selbst trägt. Damit wird er von mehr oder minder massiven Fundamenten unabhängig. Je stabiler die Rahmenkonstruktion ist, desto weniger muss sie flächig auf dem jeweiligen Untergrund ruhen; es reichen wenige Punkte aus. Die verwendeten Holzstärken richten sich nach der Art der Seitenwände: Glaswände sind schwer und erfordern massive Kanthölzer. Gaze aus Metall oder Kunststoff ist wesentlich leichter und wird daher auch von dünneren Holzlatten sicher getragen und in Form gehalten. Die Verschraubung der Rahmenelemente erfolgt mit rostfreien Schrauben. Alternativ lässt sich eine solche Rahmenkonstruktion natürlich auch aus verzinkten Eisenprofilen oder anderen Metallen erstellen. Stecksysteme aus fertigen Aluminiumprofilen sind ebenfalls denkbar. Der Fantasie sind keine Grenzen gesetzt, und jeder muss selbst seine handwerklichen Vorlieben ausloten. Im Bedarfsfall kann natürlich auch ein Fachmann mit der Ausführung beauftragt werden.

Ich entschied mich für eine Rahmenkonstruktion aus Holz, da ich mit diesem Material am besten umgehen kann. In den Holzrahmen sind Glasscheiben eingepasst. Damit sie im mit der Zeit arbeitenden Rahmen keinen Spannungen ausgesetzt sind, werden sie nicht fest verklebt, sondern nur rundum mit Holzleisten von innen und außen fixiert. Die Abdeckung als Schutz vor Prädatoren bildet ein mit einem Netz bespannter Holzrahmen.

Wichtigstes Detail der Anlage ist eine Folie, die von innen an den unteren auf dem Boden ruhenden Kanthölzern befestigt ist. Sie kann in der Länge je nach Bedarf zwischen 20 und 100 cm variieren. Sie bildet einen umlaufenden Streifen als senkrechte Verlängerung der Wände in oder auf den jeweiligen Untergrund. Die Folie dient der Abdichtung zum Boden hin, in den sie z. B. eingegraben

Flexibler Einsatz des Vario-Freilandterrariums: a = auf gewachsenem Boden, b = auf Betonfundament, c = auf Schotter, d = auf einer Natursteinmauer, e = auf Rundhölzern, f = auf Pfosten, g = auf einem Garagendach
Zeichnung: M. Hallmen

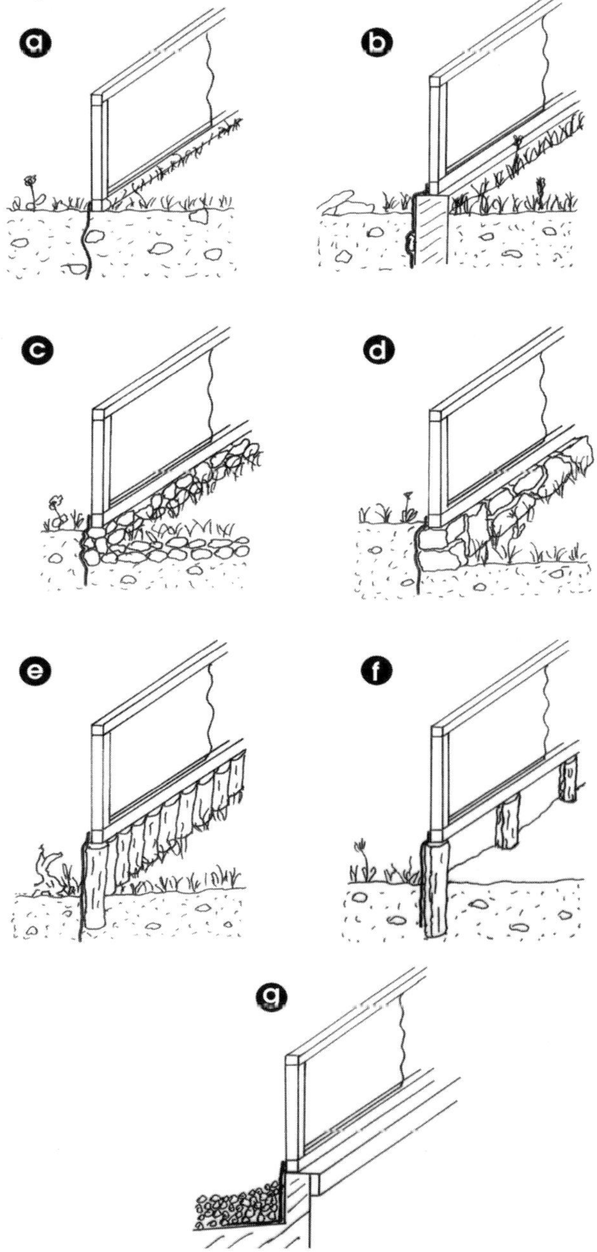

werden kann. Als Material sind handelsübliche Teichfolien aller Stärken geeignet. Gegenüber festen Materialien hat die flexible Folie den Vorteil, dass sie sich z. B. steinigen Untergründen oder Unebenheiten anpassen kann. Auch an Stellen, an denen der Rahmen nicht vollkommen eben mit der Erdoberfläche abschließt, ist das Terrarium durch die in den Boden versenkte Folie dennoch dicht. Dadurch kann man den Rahmen sogar hohl legen, d. h. nur an wenigen Stellen mit Steinen unterstützen und ihn somit um einige Zentimeter vom Boden heben. Dadurch bleibt er von unten trockener und hält länger. Man kann die ganze Anlage sogar auf Pfosten stellen und den Rahmen mit einer Steinmauer unterfüttern oder mit Holz dekorativ verkleiden.

Das Bauprinzip des Vario-Freilandterrariums erlaubt einen sehr vielfältigen Einsatz dieses Typs. Er kann auf gewachsenem Boden ebenso eingesetzt werden wie auf Schotter oder anderen Untergründen. Unebenheiten lassen sich durch die Flexibilität der Folie ohne großen Aufwand zur Abdichtung ausgleichen bzw. integrieren. Das Terrarium ist je nach Größe sogar portabel. Der Bau einer Anlage auf bereits bestehenden Umrandungen der unterschiedlichsten Art ist kein Problem mehr. Auch Freilandterrarien an Sonderstandorten wie Garagendächern, Balkonen oder Lichtschächten sind damit einfach und ausbruchsicher zu realisieren. Aber besonders bei der Integration attraktiver Natursteinmauern bietet das Vario-Freilandterrarium einen einfachen, preiswerten, leicht zu verwirklichenden und obendrein noch haltbaren Ansatz.

Innengestaltung

Die Gestaltung des Innenbereiches eines Freilandterrariums für Schlangen muss mehreren Gesichtspunkten genügen. Zunächst steht das Wohlergehen der Tiere im Vordergrund. Alle Grundbedürfnisse wie Sonnenplätze, Versteckmöglichkeiten, Wasser und eventuell ein Überwinterungsquartier müssen die Tiere in der Ausstattung befriedigen können. Das Terrarium sollte warme und kühlere ebenso wie trockene und feuchte Plätze bieten. Wie diese wesentlichen Funktionen für die Schlangen technisch erreicht werden, ist den Schlangen aber bereits relativ egal. Überspitzt gesagt ließe sich im Freilandterrarium auch eine schlangengerechte „Müllhalde“ einrichten, in der es den Tieren dennoch an nichts mangeln würde. Die Wahl der technischen Mittel zur Gestaltung des Freilandterrariums ist demnach – unter Berücksichtigung der angesprochenen Bedürfnisse – großteils eine Frage des Geschmacks.

Die Innengestaltung eines Freilandterrariums ist auch eine Sache des Geschmacks. Foto: M. Hallmen

Nun werden sicherlich die meisten Betreiber eines Freilandterrariums für Schlangen dieses wohl kaum primär als Heim für ihre erlesene Kollektion echt porzellanener Gartenzwerge nutzen wollen. Vielmehr wird jeder versuchen, sich ein Stück „heile Natur" zu schaffen und daher möglichst natürlich einrichten wollen. Im einfachsten Fall stattet man das Terrarium mit den nötigsten Utensilien in Form von Naturgegenständen aus (z. B. Rinden, Wurzeln als Unterschlupf) und überlässt den Rest des Terrariums über Jahre sich selbst. Man wird sich wundern, wie natürlich eine solche Anlage schon nach einer Saison aussehen kann. Das andere Extrem durfte ich im Alpenzoo in Innsbruck (Österreich) bewundern: Einige sehr naturgetreue Freilandterrarien für Schlangen, in denen mit den Originalgesteinen aus den tatsächlichen Biotopen und den Originalpflanzen ebenfalls aus den realen Lebensräumen Biotopterrarien entstanden, die vom Freiland auch in den kleinsten Details kaum noch zu unterscheiden sind. Ähnlich wird im Nockalm Reptilienzoo (Patergassen, Österreich) verfahren. Für viele Betreiber von Schlangenfreilandterrarien werden sich Aufwand und erreichtes Ergebnis irgendwo dazwischen bewegen.

Grundsätzlich kann man den Innenteil eines Freilandterrariums für Schlangen eben gestalten. Das ist zweckdienlich und hält viele Optionen offen. Ich persönlich bin eher ein Freund von nach hinten ansteigenden Anlagen. Alle Aquarianer kennen den Effekt: Er schafft optisch mehr Tiefe, lässt die Anlagen größer erscheinen, und die gesamte Fläche ist besser einzusehen. Auch Fotografen wissen ansteigendes Gelände zu schätzen, denn Schlangen wirken von oben fotografiert wie platt gedrückt. Bei schräger Perspektive erhalten die Bilder wie die gesamte Anlage Tiefe. Außerdem stört die Umrandung weit weniger bei der Fotopirsch. Ein Anstieg kann z. B. durch einfaches Aufschütten von Erdreich oder durch eine Legesteinmauer erreicht werden (HENKEL & SCHMIDT 1998). Es darf dabei nicht vergessen werden, dass die Rückwand entsprechend höher einzuplanen ist!

Weitere Anregungen zur Innengestaltung kann man aus den vielen Büchern beziehen, die in den letzten Jahren zum naturnahen Gestalten von Gärten erschienen, und in denen Anleitungen vom Teichbau bis zum Anlegen einer Trockenmauer nachzulesen sind (z. B. HENKEL & SCHMIDT 1998).

Verstecke und Sonnenplätze

Als Verstecke bieten sich Rindenstücke, Natursteinhöhlen oder Wurzeln an, unter die sich die Schlangen bei Bedarf zurückziehen können. Man kann auch künstliche Höhlen mauern (KÖNIG 1985) oder betonieren. Selbst im Boden vergrabene Holzkästen mit einem Einschlupf(KÖNIG 1985) werden von den Tieren aufgesucht. In jedem Fall müssen eine oder mehrere Versteckmöglichkeiten im Boden angelegt sein, damit die Schlangen der Hitze des Hochsommers entfliehen können. Zum Aufwärmen wiederum eignen sich auch gewellte Dachziegel mit flachen Hohlräumen darunter. Es gilt jedoch die gleiche Grundregel wie in Zimmerterrarien: Alle schweren Gegenstände müssen – z. B. wenn sie aufeinander geschichtet werden – rutschsicher sein. Ansonsten könnten Tiere gequetscht oder gar getötet werden. In Freilandterrarien kann man allerdings meist mit größeren und schwereren Steinen arbeiten, die von den

Dieses Nachahmung eines Flussufers bietet ausreichend Verstecke.
Foto: M. Hallmen

Unter dunklen Dachziegeln wärmen sich Schlangen gerne auf. Foto: M. Hallmen

leichteren Schlangen nicht zu verrücken sind. Eine Erfahrung aus dem ersten Jahr meiner Anlage wurde mir von Steven BOL bestätigt: Wenn viele Steine in Form von Mauern reichlich Verstecke bieten, auf die die Sonne scheint, so sind die Schlangen sehr selten zu sehen. Warum sollten sie auch herauskommen? Die Steine geben ihre Wärme sehr gleichmäßig an die darunter liegenden Schlangen ab, auch noch lange, wenn die Sonne schon nicht mehr scheint. Erst wenn diese Plätze z. B. durch die wachsende Vegetation beschattet werden, lassen sich die Schlangen zum Sonnenbaden wieder sehen. In öffentlichen Anlagen führen zu viele Verstecke aus diesen Gründen oft dazu, dass man die Tiere kaum präsentieren kann. Durch geschicktes und unauffälliges Verfugen eines Teiles der Hohlräume reduziert sich die Zahl möglicher Verstecke, und die Schlangen erscheinen häufiger vor den Augen der Besucher.

Da sich viele Verstecke etwas über den Boden des Freilandterrariums erheben, werden sie besonders in den Morgenstunden gerne als Sonnenplätze genutzt. Aufgrund unterschiedlicher Wärmespeicher- und Wärmeabgabeeigenschaften ist es sinnvoll, sowohl Sonnenplätze aus Holz als auch solche aus Stein anzubieten (HEIDT 1983). Bei dichter Bodenvegetation werden kahle Kletteräste zum Sonnenbaden aufgesucht. Eine originelle Idee fand ich eine abgestoßene Hirschgeweihstange als Kletterast (KÖNIG 1985). In meiner Region sind wieder von Bibern angenagte Hölzer in der Natur zu finden. Auch sie sind über ihre Funktionalität hinaus sehr dekorative Sonnenplätze für meine Schlangen. Bei zunehmender Vegetation können auch die Pflanzen selbst von den Schlangen zu Sonnenplätzen erkoren werden. Die Tiere klettern dabei behände auf Bäumchen und Sträucher, und ich habe schon zahlreiche Arten in Höhen entdecken können, in denen man sie in der freien Natur nie finden würde.

Überwinterungsquartier

Die Überwinterung von Reptilien ist im Laufe eines Terrarienjahres immer einer der heikleren Punkte – unabhängig davon, ob es sich um ein Zimmer- oder ein Freilandterrarium handelt. Schlangen der gemäßigten Breiten können meist im Freilandterrarium überwintert werden. Bei Arten mit großem Verbreitungsgebiet ist es notwendig zu wissen, ob die jeweiligen Exemplare aus eher nördlichen oder eher südlichen Regionen stammen. Für mediterrane Arten sind besondere Vorkehrungen notwendig, oder sie werden im Herbst aus der Anlage gefangen und im Keller überwintert. Hierzu finden sich gute Ausführungen in HENKEL & SCHMIDT (1998). Wer aus technischen Gründen, z. B. wegen anstehenden Gesteins unter der Anlage kein Überwinterungsquartier einbauen kann, der findet in Kap. 4.5 Hinweise zur oberirdischen Überwinterung von Schlangen. Ein unterirdisches Überwinterungsquartier (Hibernaculum) muss auch an Tagen mit hartem Frost frostfrei bleiben.

Das klassische Hibernaculum ist ein 80 bis 100 cm tief in die Erde gegrabener Schacht, der mit Schichten unterschiedlicher Lockermaterialien aus der Natur aufgefüllt ist (HEIDT 1983, STRATHEMANN 1995a, b) und über einige Zugänge für die Schlangen verfügt. Um das Abrutschen der

Schachtwände zu verhindern, habe ich den Schacht meiner Anlage mit Ziegelsteinen grob gemauert. Ein Innendurchmesser von 30–40 cm ist ausreichend; breitere Ausführungen schaden nicht. Als Füllmaterialien kommen Garten- bzw. Blumenerde, Laub, Zweige, Reisig, Rindenmulch u. Ä. in Frage. Selbst Ziegelschutt von Dachabrissen kann als Füllmaterial verwendet werden. Auf Torf ist aus Naturschutzgründen zu verzichten, da dieser beim Abbau von Mooren gewonnen wird. Nach Angaben von STRATHEMANN (1995a) sackte das Material seines mit Ästen, Laub und Moos aufgefüllten Schachtes in sieben Jahren um 12 cm zusammen. In meinem Hibernaculum befinden sich Schichten aus Rindenmulch und Brocken von verrottungsbeständigem, aber wärmeisolierendem, hart gepresstem Styropor. Ich hoffe, das Einsacken damit zu minimieren. Im Sommer kann einem solchen Überwinterungsquartier bei großer Hitze die Aufgabe eines „Kühlraumes“ für die Tiere zukommen.

Zahlreiche Besitzer von Freilandterrarien für Schlangen haben andere Bauweisen für ihr Hibernaculum gewählt. Eine verbreitete Variante sind Plastikrohre unterschiedlicher Durchmesser, die schräg in den Erdboden eingegraben und aufgefüllt werden. Auch Gruben oder konisch zulaufende Löcher mit Füllmaterialien werden erfolgreich angewandt. Vergrabene Eimer – umgedreht (MANTEL 1987) oder auch nicht –, eine hohe und dicke Lesesteinmauer, die 1 m tief ins Erdreich reicht und unter der sich ein Labyrinth mit Ästen, Laub und lockerer Erde befindet (HENKEL & SCHMIDT 1998), in die Erde eingelassene Tonröhren, wie sie zur Abdeckung von Leitungen dienen (HALLMANN in: HEIDT 1983) oder im Boden versenkte Packungen aus grobem Kies oder Steinen (HENKEL & SCHMIDT 1998) sind nur einige von vielen weitern Möglichkeiten für die Ausführung von Überwinterungshilfen.

Das Überwinterungsquartier muss nicht unbedingt direkt unter der Anlage liegen. Es kann auch

Schematischer Bau eines Überwinterungsschachtes
Zeichnung: aus Hallmen & Chlebowy 2001

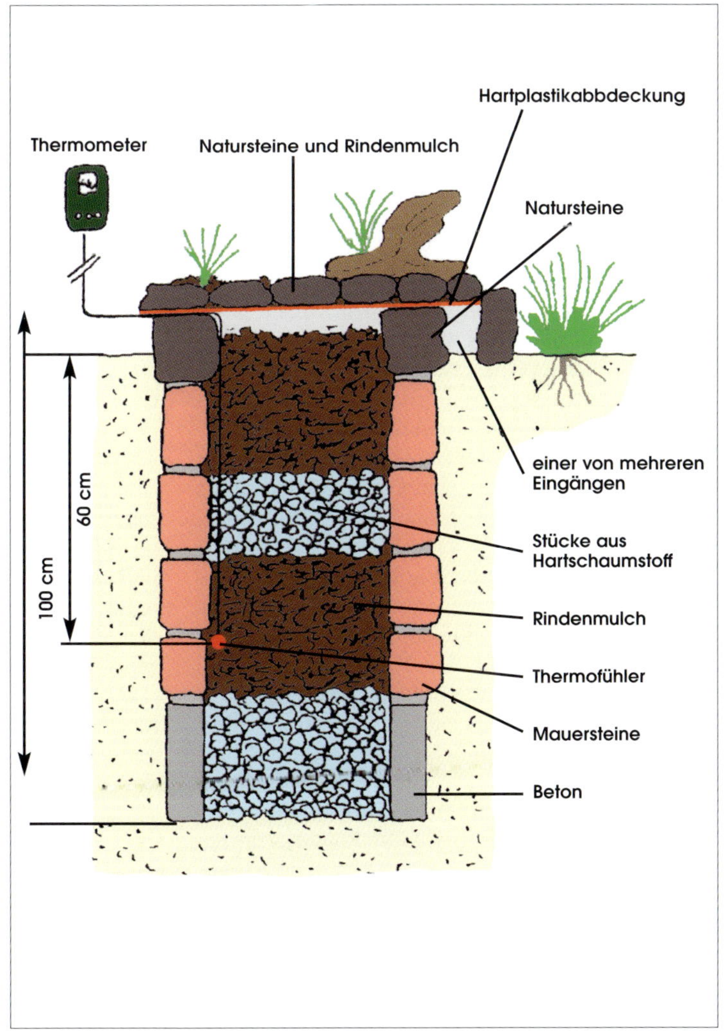

Sarah und Jonas Hallmen füllen den Überwinterungsschacht mit isolierenden Materialien. Foto: M. Hallmen

Überwinterungsgrube für Schlangen in einem Wald Foto: M. Hallmen

in einigem Abstand dazu angelegt werden, muss dann aber einen Einstieg in der Anlage in eine unterirdische Verbindung zur Erdhöhle haben. Es ist sinnvoll, das Hibernaculum an die höchste Stelle des Freilandterrariums zu bauen, damit es bei Starkregen nicht unmittelbar voll Wasser läuft. In jedem Fall muss es unbedingt regensicher abgedeckt werden. Gut überstehende Platten aus Eternit, Hartplastik, Siebdruckplatten usw. tun hier gute Dienste. Man kann der Einfachheit halber Reste der Umrandung verwenden. Eine durchsichtige Abdeckung aus Glas lässt besonders im Frühjahr die Wärme schneller wirken (HALLMANN in: HEIDT 1983). Das Hibernaculum darf nicht allein mit weiteren Naturmaterialien abgedeckt werden, da dies die Isolierung an der Oberfläche ungünstig beeinflussen würde. Ich habe über meiner Deckplatte aus Hartplastik nur eine Schicht von ca. 5 cm aus Rindenmulch angelegt. In kalten Wintern muss ich zusätzlich noch mit Noppenfolie, Stroh oder ähnlichen oberirdischen Wärmedämmern arbeiten, um die Temperaturen im Überwinterungsschacht nicht zu tief sinken zu lassen. Auch Zahl und Größe der Zugänge für die Schlangen sollten nicht zu üppig sein: Sie sind Tore für eindringenden Frost. Wer über dem Hibernaculum Erde aufschüttet und diese noch dekorativ bepflanzt, lässt den Erdbau optisch gänzlich verschwinden und hat zusätzlich eine gute Wärmeisolierung erreicht. Es ist dann jedoch ein erheblicher Aufwand, wenn in der Grube Arbeiten wie z. B. das Auffüllen von Überwinterungsmaterialien zu verrichten sind (HEIDT 1983). Hier muss jeder seinen Kompromiss bei der Abdeckung und der Isolierung finden.

Wer kein Hibernaculum in sein Freilandterrarium für Schlangen einbauen kann, muss dennoch nicht auf eine Überwinterung seiner Tiere im Freien verzichten. HENKEL & SCHMIDT (1998) beschreiben, wie ein Lichtschacht vor einem Kellerfenster aufgefüllt wurde und darin Tiere erfolgreich überwinterten. Man kann auch fern des Freilandterrariums an einem gänzlich anderen Ort eine Erdgrube auf die beschriebene Weise ausheben, auffüllen und abdecken und die Tiere darin überwintern. Sie müssen dann einzig am Ausbruch gehindert werden, indem sie z. B. in Leinensäcken eingewintert werden (SCHIRMER, pers. Mittlg. 2001).

Der Einbau eines Thermometers in das Hibernaculum erlaubt interessante Einblicke in den Temperaturverlauf während der Überwinterung in Abhängigkeit von der Außentemperatur. Wer das Hibernaculum nicht optimal ausstatten kann, der hat die Möglichkeit, eine über ein Thermostat geregelte Heizschleife einzubauen, die die Temperatur auf einem Minimalwert von 4 bis 6 °C hält. Unabhängig von den angebotenen Hilfen werden dennoch immer einige Tiere in anderen, oft nicht eigens für diesen Zweck eingerichteten Unterschlüpfen z. T. mit Erfolg überwintern.

Bepflanzung

Bei der Bepflanzung eines Freilandterrariums muss zunächst die Grundsatzentscheidung gefällt werden, ob man einen bestimmten Biotop gestalten oder die Fläche der natürlichen Sukzession anvertrauen möchte. Überlässt man die Besiedelung mit Pflanzen der Natur, so wartet man einfach geduldig ab, was im Laufe der Zeit an Samen eingetragen wird und zur Keimung kommt. Die Methode hat den Vorteil, dass sie nichts kostet und noch dazu Pflanzen liefert, die an den jeweiligen Mikrostandort bestens angepasst sind. Die entstehende Vegetation ist mit Sicherheit sehr stabil und bedarf kaum zusätzlicher Pflege. Wer diese Form der „Bepflanzung" ablehnt, lässt sich damit zwangsläufig auf einen mehr oder weniger heftigen gärtnerischen Kampf mit jenen Pflanzen ein, die ihm dann als „Unkraut" seine Entscheidung oft in Erinnerung rufen werden.

Ich weiß wohl, dass sich die meisten Betreiber eines Freilandterrariums für Schlangen gegen diese einfache Methode der Begrünung entscheiden werden; ich tat es auch. In diesem Fall ist zu überlegen, welchen Lebensraum man gestalten will. Biotopterrarien bilden bestimmte Lebensräume (Habitate) nach, die von nördlichen bis hin zu mediterranen Gefilden (BRUECKERS 1998) reichen können. Der Versuch, eine geographische Einheit zwischen den Schlangen und der Bepflanzung herzustellen, ist für eine artgerechte Haltung jedoch nicht notwendig (HENKEL & SCHMIDT 1998), auch wenn das von vielen als Ideal angesehen wird. In öffentlichen Anlagen ergibt es jedoch auch aus Sicht der Naturerziehung Sinn. Der Privatmann dagegen kann einfach seine Lieblingsstauden aus dem Vorgarten in das Freilandterrarium pflanzen, eine Buchsbaumhecke darin pflegen oder eine Sammlung seltener Freilandorchideen – keine Wildentnahmen, versteht sich! – darin kultivieren. Wofür auch immer man sich entscheidet, man muss stets den gärtnerischen Folgeaufwand bedenken; und das auf einem Stück Erde, auf dem jeder Schritt wohl bedacht sein will. Tipps zur Bepflanzung z. B. naturnaher Lebensräume ent-

Eine natürliche Einrichtung eines Freilandterrariums für Schlangen Foto: M. Hallmen

Orchideen im Freilandterrarium Foto: M. Hallmen

nimmt man den zahlreichen einschlägigen Büchern. Hinweise zur Bepflanzung speziell von Freilandterrarien mit interessanten mediterranen und exotischen Pflanzen gibt Brueckers (1998). Für die Bepflanzung von Teichen sind keine Arten zu verwenden, die schnell die Oberfläche zuwachsen und den Blick auf die Wasserfläche versperren. Dafür tut es der Wasserqualität gut, wenn reichlich Unterwasserpflanzen vorhanden sind, wie z. B. Wasserpest (*Elodea canadensis* und *Egeria densa*), Hornblatt (*Ceratophyllum demersum*) oder Tausendblatt (*Myriophyllum spicatum*) (Heidt 1983). Für jede Form der Vegetation gilt jedoch, dass sie besonders an den Umrandungen nicht zu hoch wachsen darf, um den Schlangen keine Möglichkeit zum Ausbruch zu bieten.

Für dicht bepflanzte Terrarien haben sich in den Boden eingelassene Trittsteine bewährt. Sie dürfen jedoch nicht von unten hohl liegen und den Schlangen als Unterschlupf dienen, denn je nach Masse des Pflegers wären die Tiere sonst mehr oder weniger großer Gefahr ausgesetzt.

Bilden sie unterseits also keine Hohlräume, so erlauben sie jederzeit das Bewegen innerhalb der Anlage, ohne Gefahr, dass Schlangen zu Schaden kommen könnten.

Teich

Schlangen benötigen regelmäßig sauberes Trinkwasser. Bei Häutungsproblemen suchen sie gerne Wasserstellen auf. Manche jagen im Wasser nach Fischen, und Wasser kann an heißen Sommerta-

Natürlich angelegter Teich eines Freilandterrariums Foto: G. Hallmann

gen Kühlung verschaffen. All diese Ansprüche erfüllt ein Teich im Freilandterrarium. Zudem zeigen in ihm badende Schlangen eine nur ihnen eigene Ästhetik des Schwimmens. Am preiswertesten und flexibelsten einzusetzen sind Folienteiche. Sie passen sich aufgrund des Materials jeder beliebigen Form an, sind einfach einzurichten und langlebig. Die Fachliteratur dazu ist sehr umfangreich (z. B. STADELMANN 1990, WILKE 1991, HENKEL & SCHMIDT 1998, SAINT-PAUL et al. 2002, MÜLLER & SCHMIDT 2002). Der Handel bietet auch Fertigteiche aus gehärteten Kunststoffen an. Sie haben vorgegebene Formen und sind deutlich teurer als Folienteiche, doch auch sie sind schnell zu installieren. Es gibt jedoch kaum Formen, die über eine Flachwasserzone verfügen. Teiche aus Beton sind quasi unverwüstlich. Auch sie können sehr individuell gestaltet werden. Der Kosten- ist jedoch ebenso wie der Arbeitsaufwand recht hoch.

In jedem Fall muss der Teich eines Freilandterrariums eine frostsichere Tiefe von mindestens 80 cm haben. Andernfalls können in harten Wintern viele der in ihm lebenden Organismen nicht überleben. Es ist auch wichtig, eine Stelle so tief zu legen, dass sie als Überlauf fungiert. Bei trockenem Untergrund reicht es aus, wenn überschüssiges Wasser einfach im Bodengrund versickert (HEIDT 1983). Dichte Böden können jedoch eine Drainage erforderlich machen, damit das Terrarium bei Starkregen nicht „geflutet“ wird. Will man im frisch angelegten Teich die Entwicklung der natürlichen Mikrowelt beschleunigen, kann man aus einem älteren Teich in der Nachbarschaft oder aus einem Gewässer in der Natur einen Eimer voll Wasser mit Schlamm und Detritus (Schwebe- und Sinkstoffe) besorgen und den eigenen Teich damit quasi „impfen“ (HENKEL & SCHMIDT 1998). Wer Spaß an fließendem Wasser hat, kann zusätzlich einen Bachlauf oder gar einen kleinen Wasserfall integrieren. Eine unterirdische Stromzufuhr für eine Pumpe ist von Beginn an einzuplanen. Der Teich kann je nach Geschmack mit z. B. Elritzen (*Phoxinus phoxinus*), Gold-Elritzen und Moderlieschen (*Leucaspius delineatus*) als möglichen Futterfische für einzelne Arten z. B. der Wassernattern besetzt werden.

Schutz vor Feinden

Wenngleich sich ausgewachsene Schlangen in aller Regel recht gut verteidigen können, sind Verluste durch Fressfeinde (Prädatoren) in Freilandterrarien leider traurige Erfahrungswerte. Nur an wenigen Standorten können Freilandanlagen ungeschützt bleiben, weil z. B. Prädatoren nicht auftreten, Hunde im Garten dafür sorgen, dass sie sich nicht in die Nähe des Terrariums trauen oder die Anlage 3 m hoch auf einem Flachdach liegt, wo Katzen keinen Zugang haben (ORTH 2001). Je nach Standort treten z. B. Ratten und Katzen (STRATHEMANN 1995a), Turmfalken, Elstern und Rabenkrähen (SCHMIDT-LOSKE 1998), Drosseln, Eichelhäher oder Tauben (HEIDT 1983), Marder (ORTH 2001) und für Jungtiere sogar große schwarze Spinnen (R. SEEMANN., pers. Mit. 2001) als Fressfeinde in Erscheinung. Selbst Libellenlarven oder Gelbrandkäfer können z. B. jungen Wassernattern gefährlich werden. Besonders Nager schädigen die Tiere während der Winterruhe im Überwinterungsquartier. Davor müssen die Schlangen durch geeignete technische Maßnahmen geschützt werden.

Bei öffentlichen Freilandterrarien für Schlangen richten zusätzlich Besucher regelmäßige

In einen Holzrahmen gespanntes Netz als Schutz vor Katzen Foto: M. Hallmen

Schäden nicht nur an den Anlagen, sondern auch an den Schlangen selbst an. Durch Wurfgeschosse versuchen sie, die vermeintlich trägen Tiere zu Reaktionen zu provozieren, manche werfen sogar brennende Zigaretten auf die Schlangen, wie schon erwähnt, und vor Diebstahl sind Schlangen auch nicht sicher. Im privaten Bereich lassen sich kleinere Anlagen leicht mit Netzen oder Drahtgittern abdecken und damit vor Fressfeinden schützen. Alle Materialien sind so zu wählen, dass sie die notwendige Luftzirkulation bei direkter Sonneneinstrahlung nicht behindern. Plexiglasdächer, die die komplette Anlage abdecken, verursachen einen Hitzestau und bedeuten mehr Gefahr für das Leben der Tiere als der ursprüngliche Schutzgrund. Netze können über die Anlage gelegt und seitlich beschwert werden. Besser ist es jedoch, wenn das Netz auf einem fest mit der Anlage verschraubten Holzrahmen z. B. in herausstehenden Köpfen von Nägeln verankert wird. Es ist ebenfalls möglich, durch das seitlich überhängende Netz parallel zur Oberkante der Umrandung Rundhölzer zu schieben und diese z. B. über Saugnäpfe an Glasscheiben zu fixieren (STRATHEMANN 1995a). Dabei muss jedoch bedacht werden, dass die Saugnäpfe bei Frost abfallen können und nicht alle Marken auch UV-beständig sind. Ebenfalls sehr praktikabel ist ein mit dem Netz bespannter Rahmen aus Holz oder Aluminium. Das Netz muss in jedem Fall unbedingt eine auf ihm herumlaufende Katze tragen können, ohne dass es einbricht. Solche Rahmenkonstruktionen sind auch leicht mit einem Handgriff zu entfernen. Die Rahmen müssen ihrerseits nur an Fixpunkten (z. B. Haken) so verankert werden,

Schwarz gummiertes Drahtgitter erleichtert die Durchsicht.
Foto: M. Hallmen

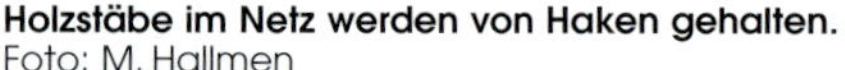

Holzstäbe im Netz werden von Haken gehalten.
Foto: M. Hallmen

Öffentliche Anlagen müssen ausreichend gesichert sein.
Foto: M. Hallmen

dass sie nicht so leicht verrutschen. Das Netz sollte aus dunklem Material sein. Das erweist sich ähnlich wie bei Fliegengittern vor Fenstern als beste Färbung, um möglichst ungehindert hindurchsehen zu können. Schwarze Netze sind im Binnenland jedoch nicht einfach zu bekommen. Ich habe mir meines als Fischernetz in den Niederlanden besorgt. Einen Versuch sind auch Recherchen in Anglerzeitschriften wert. Alternativ können auch die aus dem Gartenfachhandel als „Starennetze" bekannten und zumeist grünen Nylonnetze verwendet werden. Häufig wird auch der deutlich stabilere Maschendraht (Hasendraht) zur Abdeckung von Freilandterrarien für Schlangen verwendet (FILITZ 2000a). Entsprechend befestigt, trägt er eine Katze praktisch immer. Es gibt ihn in grün gummierter Ausführung im Gartenfachhandel. Mit Sprühfarbe kann man ihn einfach und schnell schwarz tönen.

Mit zunehmender Größe lassen sich Freilandterrarien immer schlechter direkt mit Netzen abdecken. Sie hängen durch (Gefahr des Ausbrechens) und sind schwer zu entfernen. Das Netz muss dann höher über der Anlage mittels Verspannungen installiert werden, sodass man unter dem Netz hindurchlaufen kann. Als Beispiel mag die Ausführung von HALLMANN dienen, die bei den Beispielanlagen am Ende des Buches beschrieben wird. Bei höher über den Anlagen verspannten Netzen ist unbedingt darauf zu achten, dass keine Schlupflöcher für Fressfeinde offen bleiben. Eine weitere Möglichkeit, sein Schlangenfreilandterrarium vor Prädatoren zu schützen, ist ein um die ganze Anlage herum angelegter Käfig aus Maschendraht – einschließlich Zugangsweg und Beobachtungsstelle. Insbesondere für größere und professionelle Anlagen bietet diese Konstruktion den Vorteil, die Schutzmaßnahmen für einen ungehinderten Direkteinblick nicht dauernd entfernen und wieder anbringen zu müssen. Verwirklicht ist dieses Prinzip etwa in der Anlage in Scheidegg (HALLMEN 1997). Außerdem ist die gesamte Anlage während der besucherfreien Zeit verschlossen und geschützt. Eine andere Möglichkeit ist, die gesamte Anlage mit einer geschlossenen Haube oder einem Käfig aus Metall zu umgeben (SCHMIDT 2002). Der Zugang ist mit einem Schloss zu sichern.

Über die von HENKEL & SCHMIDT (1997, 1998) vorgeschlagene Anbringung eines elektrisch geladenen Weidezaundrahtes mit Isolationsträgern auf der Oberkante der Umrandung liegen mir keine Erfahrungsberichte vor. SCHMIDT-LOSKE (1998) hat die verzinkte Abdeckung des unter ihrer Anleitung errichteten Freilandterrariums geerdet und mit einem Blitzableiter versehen. Dies ergibt sicherlich nur für exponiert stehende Großanlagen Sinn.

Den Eindruck einer „Festung" gilt es zu vermeiden. Foto: U. Strathemann

Einfaches Beschweren des Netzes mit einem Krampen reicht in der Regel nicht aus. Foto: M. Hallmen

Einige Abschlussbemerkungen: Mit Katzen haben viele Besitzer von Freilandterrarien für Schlangen schon schlechte Erfahrungen gesammelt. Aufgrund nicht ausreichender Randbefestigungen brechen immer wieder Tiere durch ihr Gewicht mitsamt den Abdeckungsnetzen in Schlangenfreianlagen ein. Die Katzen sind dann häufig so verstört, dass sie selbst nicht in der Lage sind, sich aus dem Terrarium zu befreien. Doch sie brechen auch ein, indem sie festere Drahtgitter verbiegen und manipulieren, um an die Schlangen zu gelangen (H. KREYERHOFF, pers. Mittlg. 2002). Ich selbst hatte auch ein unliebsames Erlebnis mit Nachbars Katze: Ich hatte die Abdeckung meiner Schlangenfreianlage zum Füttern beiseite gelegt. Für kurze Zeit verließ ich die Anlage. Nach 5 min rief meine Nachbarin an, in ihrem Garten sei eine Schlange von mir. Verwundert sah ich nach. Und tatsächlich: Eines meiner kräftigsten Strumpfbandnatternweibchen lag in ihrem Blumenbeet. Nur 1 m davon entfernt beschwerte sich eine Katze maunzend darüber, dass ich mich anschickte, ihr das Spielzeug wegzunehmen. Meine Schlange hatte nur kleine Wunden und überlebte. Für mich war das ein Schlüsselerlebnis. Seither ist mein Freilandterrarium nur noch sehr selten aufgedeckt. Gegen Katzen hilft übrigens Wasser! Die Angst vor der Spritzpistole meines Sohnes lässt die Katze seit einigen Wassersalven unseren Garten meiden.

Einer der wenigen Anlässe, bei meinem Freilandterrarium die Abdeckung zu entfernen, ist bei Schneefall – besser davor. Nasser „Pappschnee“ hat ein erstaunliches Gewicht und bleibt selbst auf grobmaschigeren Netzen hängen. Das Netz beulte sich in meinem Fall so durch, dass ich fürchtete, es würde brechen. Als ich den Schnee abschütteln wollte, riss das gefrorene und überlastete Netz dann tatsächlich. Seither entferne ich die Abdeckung, sobald im Winter Schnee angekündigt ist. Katzen muss ich zu diesem Zeitpunkt nicht fürchten, denn die Schlangen sind ohnehin im ihrem Überwinterungsquartier. Die Schneelast auf Abdeckungsnetzen hat auch schon tief im Boden verankerte Pfosten umgeworfen, die der Netzstabilisation dienen sollten.

Schlechtwetterschutz und künstliche Wärmequellen

Über die Verwendung eines Schlechtwetterschutzes oder gar künstlicher Wärmequellen lässt sich durchaus streiten. Ich selbst betreibe meine Freilandterrarien mit unterschiedlichen europäischen und nordamerikanischen Schlangenarten seit Jahren ohne derartige technische Hilfsmittel – was ich jedoch nach meiner Auffassung einzig und allein günstigen lokalklimatischen Verhältnisse verdanke. Betrachtet man das Problem sachlich und ohne dabei zu sehr ins Ideologische abzugleiten, so gibt es durchaus Umstände und gute Gründe, die die Verwendung von z. B. künstlichen Wärmequellen nicht nur ratsam, sondern sogar unbedingt notwendig erscheinen lassen. So können z. B. die geographische Breite oder die Höhenlage Grund für eine künstliche Wärmequelle sein. Saisonal lassen sich dann verregnete und kühle Frühjahre für die Tiere besser überdauern. Auch spezielle Standortbedingungen – wie mehrstündige Phasen mit Beschattung durch Bäume oder Häuser – können Grund für eine derartige technische Maßnahme sein. Darüber hinaus ermöglichen zusätzliche Wärmequellen in Kombination mit geeigneten Überwinterungseinrichtungen die ganzjährige Haltung auch etwas wärmeliebenderer Schlangenarten. In öffentlichen wie in privaten Freilandterrarien gern gesehener „Nebeneffekt“ ist die daraus resultierende gute Beobachtungsmöglichkeit der Tiere in den wärmenden Bereichen. Wer die Eier von Schlangen in seinem Freilandterrarium zuverlässig zeitigen möchte, für den ist eine künstliche Wärmequelle fast schon unverzichtbar.

Eine der einfachsten Maßnahmen, ein Freilandterrarium für Schlangen vor schlechten Witterungseinflüssen zu schützen und der Anlage zusätzlich Wärme zuzuführen (besser: zu erhalten), ist die teilweise bis fast gänzlich komplette Abdeckung mit lichtdurchlässigen Materialien (z. B. Folie, Glas, Plexiglas, Stegplatten u. Ä .). Dadurch wird die Wärme, die sich auf natürliche Weise durch Einstrahlung bildet, länger im Terrarium festgehalten. Bei dieser Methode ist jedoch unbedingt Vorsicht geboten: An sonnigen Tagen kommt es je nach Konstruktion des Gesamtgefüges schnell zu einem Hitzestau in der Anlage. Können sich die Tiere dann nicht ausreichend tief in kühlere Erdschichten zurückziehen, besteht innerhalb kürzester Zeit Lebensgefahr! So erfordert diese Methode erhöhte Aufmerksamkeit vom Betreiber einer solchen Anlage. Eine Lösung des Problems können aufwändige, an Thermofühler gekoppelte und sich selbstständig durch Motoren öffnende und schließende Abdeckungen sein, wie man sie z. B. von Gewächshäusern oder Wintergärten her kennt. Allein aus Kostengründen werden sie für den Privatmann meist jedoch nicht in Frage kommen. Eine weitere Gefahr bei Überhitzung ist das Verformen von Kunststoffabdeckungen. In einem Fall bog sich eine Abdeckung aus Plexiglas in die Anlage hinein, was zum Entkommen einiger Tiere führte (P. MANTEL, pers. Mittlg. 2001). Entsprechend muss man bei den ersten kräftigeren Sonnenstrahlen auf der Hut sein, wenn man sein Freilandterrarium den Winter über komplett mit Folie abgedeckt hat.

Wie man bei baugleichen Terrarien mit unterschiedlichen Abdeckungsgraden der Anlagen Mikroklimate von submediterran bis hochalpin schaffen kann, zeigen die Freilandterrarien des Alpenzoos Innsbruck (Österreich). Schließlich und endlich kann Schnee im Winter eine probate Abdeckung der Anlage als Schutz vor Frost sein. Schnee isoliert bereits in einer Schicht von nur wenigen Zentimetern sehr gut gegen starke Fröste. Daher schippe ich im Winter den Schnee meiner Terrasse in mein Freilandterrarium – vermehrt über das Überwinterungsquartier. In wärmeren Perioden löst sich diese „Abdeckung" von selbst auf. Bei wasserundurchlässigen Böden ist diese Praxis aber nicht zu empfehlen.

In privaten wie in öffentlichen Freilandterrarien für Schlangen werden häufig wärmende Lampen als künstliche Wärme-

Wärmelampe geschickt in einer Ecke „versteckt" Foto: M. Hallmen

Eine Markise aus Folie kann der Wetterlage angepasst werden. Foto: M. Hallmen

Unterschiedliche Bedeckungsgrade mit Stegplatten erzeugen unterschiedliche Temperaturen. Foto: M. Hallmen

Die „Folienheizung" Foto: M. Hallmen

quellen eingesetzt. Je nach Größe der Anlage und Abstand zum Boden sind in der Regel Strahler zwischen 100 und 500 Watt Leistung im Einsatz. Die Zusammensetzung des Lichtes ist dabei von untergeordneter Bedeutung, denn die Beleuchtungen sind ja nur als Ergänzung zum alle Spektralbereiche umfassenden natürlichen Sonnenlicht zu verstehen. Am häufigsten sind nach meinen Erfahrungen Halogenscheinwerfer im Einsatz. Es ist jedoch auch die Verwendung spezieller Wärmeröhren und -lampen möglich (z. B. Rotlicht), wie sie sich auch in der Hühner- und Schweinezucht bewährt haben. Wie für alle im Freien mit Strom betriebenen Geräte gilt auch hier, dass sämtliche Kabel, Anschlüsse, Fassungen usw. unbedingt gegen Feuchtigkeit und Wasser isoliert sein müssen! Die Lampen werden sinnvollerweise nicht mittig installiert, sondern so befestigt, dass sie nur einen Teil des Freilandterrariums beleuchten. Das erleichtert den Schlangen die freie Wahl ihrer jeweils aktuellen Vorzugstemperatur. Der Lichtkegel wird am besten auf Steine oder dunkle Erdstellen gerichtet (nicht auf Pflanzen), die die abgegebene Wärme speichern und sie nach dem Abschalten der Lampen noch einige Zeit an die Tiere abgeben können. Die Regelung der Strahlungsdauer über eine Zeitschaltuhr bietet sich an.

Auch Bodenheizungen sind für die künstliche Erwärmung von Freilandterrarien möglich. Die für Zimmerterrarien bekannten Heizkabel und -matten sind hier jedoch nur sehr bedingt tauglich. Um einigermaßen effektiv zu sein, dürfen sie nur wenige Zentimeter tief in den Boden eingegraben werden. Sie sind dann allerdings schnell z. B. vom Regen frei gespült. Sie können auch in Steinnischen eingebracht werden (König 1985). Sinnvoll sind sie, wenn es darum geht, ein frostanfälliges Überwinterungsquartier nicht gefrieren zu lassen. Gekoppelt mit einem Thermofühler, reichen sie meist aus, eine Temperatur von minimal 4 °C aufrechtzuerhalten. Für eine echte Bodenheizung muss man meist mehr Energie zuführen. Das kann z. B. über professionelle Bodenheizungen erfolgen, wie sie auch im Hausbau üblich sind. Es können auch Warmwasserrohre in der Erde des Freilandterrariums vergraben werden, die z. B. durch eine Solaranlage gespeist werden. Teile der öffentlichen Freilandterrarien für Schlangen im Nordharzer Schlangenparadies in Schladen werden z. B. durch unterirdisch verlaufende Heizungsrohre der angrenzenden Gebäudeteile erwärmt. Aber auch bei einer Bodenheizung müssen die Schlangen noch kühle Stellen in ihrer Umgebung vorfinden.

Feldherpetologen wissen, dass sich Schlangen gerne unter Folien aufhalten, um sich zu erwärmen. Daraus leitet sich für Freilandterrarien eine ebenso einfache wie preiswerte Möglichkeit ab, den Tieren in ungünstigen Jahreszeiten zusätzliche Wärme zukommen zu lassen. Unter einer auf dem Boden des Terrariums ausgelegten und mit einigen Steinen beschwerten Kunststofffolie von 1–2 m^2 oder Folienstreifen werden sich besonders bei kühleren Witterungsverhältnissen mit Sicherheit zahlreiche Schlangen einfinden, um sich an der Wärme, die durch die Abdeckung am Boden festgehalten wird, zu erfreuen. Es ist dabei prinzipiell unerheblich, ob die Folie durchsichtig (die Strahlung geht hindurch und erwärmt den Boden) oder undurchsichtig ist (die Strahlung erwärmt die Folie selbst). Einige Löcher in der Folie lassen das Regenwasser leichter abfließen und bilden für die Schlangen zusätzliche Ein- und Ausgänge. Diese Methode wurde zu Recht von STRATHEMANN (2000a, 2002) als praktikable und effektive Verbesserung des Mikroklimas an ausgesuchten Stellen eines Freilandterrariums für Schlangen propagiert. Die von ihm bevorzugte durchsichtige Folie bietet den Vorteil, dass man die Schlangen besser beim Sonnenbaden beobachten kann. Einen ähnlichen Effekt bieten Glasscheiben, die dicht über dem Boden auf Füßen aus Steinen, Ästen oder Erde ruhend im Freilandterrarium untergebracht werden.

Für alle Methoden der künstlichen Wärmezufuhr gilt, dass sie sensibel den jeweils herrschenden Witterungsverhältnissen angepasst werden müssen. Sie dürfen keinesfalls zu früh im Jahr eingesetzt werden. Es muss unbedingt abgewartet werden, bis die Schlangen ihre Überwinterungsquartiere im Frühjahr verlassen haben, da bei einem früheren Einsatz die Gefahr besteht, dass die Tiere durch die unnatürliche Wärmezufuhr ihre Winterruhe zu früh beenden; möglicherweise mit fatalen Folgen! Im Hochsommer, bei intensiver Sonneneinstrahlung, können die künstlichen Wärmequellen ebenfalls zu einer Gefahr für die Schlangen werden: Die Tiere drohen dann an Überhitzung zu sterben. Auf Wetterumschwünge muss individuell reagiert werden. Die erforderliche Aufmerksamkeit dem Wetter gegenüber können auch Zeitschaltuhren nicht ersetzen.

Bei der Installation aller Maßnahmen zur künstlichen Wärmezufuhr – aber auch anderer Stromquellen – ist unbedingt auf die eigene Sicherheit zu achten! Es dürfen nur für das Freiland taugliche Materialien (Kabel, Steckdosen, Lampen usw.) verwendet werden. Wer mit Elektroinstallationen nicht vertraut ist, der sollte unbedingt einen Fachmann hinzuziehen. Im Hinblick auf die Schlangen ist darauf zu achten, dass keine „Leitern in die Freiheit“ entstehen. Kabel, Schalter, Stecker oder Lampen müssen so angebracht werden, dass sie z. B. auch noch nach einem Sturm nicht von den Schlangen als Ausbruchshilfe genutzt werden können. Gleiches gilt für Abdeckungen als Schlechtwetterschutz und Folienheizungen am Boden, die auch bei stärkerem Wind an Ort und Stelle fixiert bleiben müssen.

Einbindung von Gewächshäusern

Die Einbindung von Gewächshäusern in Freilandterrarien für Schlangen wurde bislang noch kaum diskutiert. Es liegen jedoch zahlreiche Erfahrungen aus der Freilandhaltung von Schildkröten vor (z. B. EBERLING 2001). Für Schlangen beschrieb bislang lediglich STRATHEMANN die Haltung in einem Anlehngewächshaus (STRATHEMANN 1997, 2001), das allerdings beheizbar ist oder aus dem die Tiere zur Überwinterung in einen Kellerraum gebracht werden. Über die ganzjährige Haltung von Schlangen in einem vollkommen frei stehenden Gewächshaus sind meiner Kenntnis nach bislang nur die Erfahrungen von SEEMANN (in: HALLMEN 2001c) veröffentlicht.

Der Begriff „Gewächshaus“ reicht im hier verstandenen Sinne von kleinen, oft nur 1 m^2 großen Frühbeeten bis hin zu mehreren 100 m^2 großen Anlagen, wie sie in den Niederlanden z. B. zur Tomatenzucht im Einsatz sind. Unabhängig von der Größe sind sie in meinem Verständnis meist frei stehend. Wintergärten beziehe ich in diese Definition daher nicht ein. In allen Fällen dienen die Gewächshäuser dazu, Wärme in einem weitgehend

Frühbeete lassen sich leicht in Freilandterrarien integrieren. Foto: M. Hallmen

geschlossenen Raum festzuhalten und sie so für die Schlangen länger nutzbar zu machen. Entsprechend ist darauf zu achten, dass sie nicht an stark beschatteten Orten aufgestellt werden.

Frühbeete sind in allerlei Ausführungen aus Glas, Plexiglas, Folien oder anderen Materialien im Bau- und Gartenfachmarkt erhältlich. Aufgrund ihres unnatürlichen Aussehens wird man sie sicherlich nicht im optischen Zentrum des Freilandterrariums postieren. Damit sie ihren Zweck erfüllen, den Schlangen an kühleren Tagen oder während Schlechtwetterperioden etwas Wärme zu spenden, dürfen sie nicht zu sehr beschattet werden. Mehrere faustgroße Löcher am Boden des Frühbeetes ermöglichen den Schlangen den Zugang. Gegen Sturmschäden kann es über zusätzliche Verstrebungen im Boden verankert werden. Günstig wirkt sich besonders in Anlagen mit wasserundurchlässigen Böden aus, wenn das Frühbeet etwas erhöht steht. Im Innern des Frühbeetes sollten Rinden, Steine, Laub usw. als Unterschlupf angeboten werden. Die Schlangen werden den Schutz- und Wärmeraum schnell entdecken und eigenständig aufsuchen bzw. wieder verlassen.

Gewächshäuser lassen sich ähnlich in ein Freilandterrarium für Schlangen integrieren wie Frühbeete. Es gilt jedoch zu bedenken, dass manche Modelle außen über Stege und sonstige Vorsprünge verfügen, an denen Schlangen alsbald emporklettern werden. Daher darf ein solches Gewächshaus nicht zu nah an die Umrandung gestellt werden. Wer den Innenraum für Schlangen nutzbar machen will, muss zahlreiche Äste und Etagen anlegen, damit die Tiere die Höhe und damit die unterschiedlichen Wärmezonen aufsuchen können; nur dann ergibt ein Gewächshaus in diesem Zusammenhang einen Sinn. Die weitere Nutzung ist dem Betreiber überlassen. Man kann z. B. die Anzucht von Gemüse unter bestimmten Bedingungen durchaus mit der Schlangenhaltung im Freien verbinden. Gewächshäuser sind in vielen Ausführungen, Preis- und Qualitätsstufen erhältlich. Es gibt einfach- und doppelverglaste Versionen ebenso wie Doppel- und Dreifachplexiglashäuser. Man kann die Gewächshäuser entweder nur auf den Boden oder Steinplatten stellen oder sie auf einem Betonfundament verankern (Hallmen 2001c). In jedem Fall sind sie bei ihrer Höhe windexponiert und müssen vor Sturm geschützt werden (Henkel & Schmidt 1997). In der Regel sind Glashäuser mit weniger als 50 m^3 umbautem Raum nicht genehmigungspflichtig. Je nach Größe des Grundstückes empfiehlt sich aber ein klärendes Gespräch mit dem Nachbarn. Im Zweifelsfall muss bei der Baugenehmigungsbehörde nachgefragt werden (Henkel & Schmidt 1997, 1998).

In jedem Fall muss man sich Gedanken um eine ausreichende Belüftung und Beschattung des Gewächshauses während heißer Sommertage machen. Dachfenster müssen in entsprechender Zahl vorhanden und weit zu öffnen sein. Eine einfache Möglichkeit der Beschattung sind Matten, Stoffbahnen oder dichte Netze, die von innen oder außen am Dach befestigt werden. Sie müssen dann von Hand der jeweiligen Wetterlage angepasst werden. Beide Elemente sind jedoch auch in unterschiedlich stark technisierten Versionen zu haben. Das geht bis zu stufenlos regelbaren Veränderungen, die über einen oder mehrere Thermofühler gesteuert werden und annähernd konstante Bedingungen schaffen. Doch je mehr Technik, desto teurer wird natürlich das Gewächshaus; und man kann viel Geld hierein investieren!

Parallel mit den Ausgaben für die Mess- und Regeltechnik eines modernen Gewächshauses wird auch die Frage nach dem Fundament und zusätzlichen Wärmequellen aufgeworfen. Ein massiver Betonboden unter dem Gewächshaus hat einige Vorteile: Er dient als Fixpunkt zur Verankerung, er macht das Haus sicher vor einbrechenden Nagern und er kann Grundlage für eine Fußbodenheizung sein. Als weitere Wärmequellen für Reptilien sind Wärmelampen in Gewächshäusern weit verbreitet. Schlangen sollten jedoch keinen direkten Zugang zu ihnen haben, um keine Verbrennungen an den heißen Lampen zu erleiden. Wer sein Gewächshaus beheizt, erweitert das Spektrum potenziell zu haltender Arten zumindest um mediterrane Schlangen. Im Winter können Gewächshäuser zum besseren Schutz vor Frost zusätzlich mit Noppenfolie abgedeckt werden (Henkel & Schidt 1997).

Wie einige sehr interessante Beispiele zeigen, ist es auch möglich, Schlangen ganzjährig ausschließlich in frei stehenden Gewächshäusern zu halten. Wer seine Tiere innerhalb des Glashauses frei umherkriechen lassen möchte, muss natürlich alles schlangendicht gestalten. Die Ausstellfenster beispielsweise sind durch Gaze zu sichern, und die Tür kann durch eine glatte Barriere in Form von einer passend zugeschnittenen Stegplatte oder auch nur eines Holzbretts ausreichender Höhe unpassierbar gemacht werden (Hallmen 2001c). Fenster und Türen müssen in einer der bereits beschriebenen Weisen gegen das Eindringen von Fressfeinden gesichert werden. Die Alternative zur „freien Haltung" der Schlangen ist die „Käfighaltung" (Hallmen 2001c). Die Tiere sind dabei z. B. in gut belüfteten Behältern untergebracht, die Vogelkäfigen ähneln, eventuell nach Arten getrennt. Beide Haltungsweisen können auch kombiniert werden (Hallmen 2001c).

Die Bepflanzung von Gewächshäusern will

Ganzjährige Haltung von Schlangen in einem Gewächshaus: an den Seiten in „Käfigen", in der Mitte „freilaufend"
Foto: M. Hallmen

Gewächshaus mit einer Vielzahl kleiner „Freilandterrarien" in seinem Inneren
Foto: M. Hallmen

wohl überlegt sein, denn grundsätzlich muss für eine ausreichende Bewässerung gesorgt werden. In Häusern, in denen die Schlangen ohne künstliche Wärmequellen gehalten und überwintert werden, bieten sich nur winterharte Pflanzen an. Trockenheit liebende Vegetation reduziert die Arbeit des Gießens deutlich. Wer das Gewächshaus auch im Winter durch künstliche Wärmequellen aufheizt, kann je nach Temperatur auch Schlangen aus nicht gemäßigten Zonen ganzjährig darin halten. Mit steigender Temperatur und dichter werdender Vegetation steigt jedoch auch die Luftfeuchtigkeit. Das entstehende Gefüge muss zu den Schlangen passen!

Weitere Ausführungen über die Haltung von Reptilien in Gewächshäusern finden sich in HENKEL & SCHMIDT (1998).

Extras

Interessante und z. T. noch brauchbare Accessoi - res zum Betrieb eines Freilandterrariums für Schlangen sind z. B. Thermometer an untersch iedlichen Stellen des Terrariums (in einer Steinhöhle, im Überwinterungsquartier, in praller Sonne, im Schatten unter der Vegetation usw.). Sie können helfen, das Verhalten der Schlangen innerhalb der Anlage besser zu verstehen. Ein Überwinterungsquartier, das über eine Beobachtungsscheibe verfügt, wird ebenfalls manche Frage zum Verhalten der Schlangen im Winter beantworten helfen.

In die Kategorie „echter Luxus" fallen pittoreske Bachläufe, die über tosende Wasserfälle im Teich enden. Auch Wasserspiele in den unterschiedlichsten Formen sind bei verspielten Seelen immer wieder gerne gelitten. Abends macht sich eine künstliche Beleuchtung der Anlage gut. Sie kann von au - ßen über Strahler (STRATHEMANN 1995a) oder von innen über unterschiedlichste Varianten von Beleuchtungen in Bodennähe erfolgen. Selbst der Teich kann mit spe - ziellen Teichlampen im Wasser angestrahlt werden.

Beleuchtung für Beobachtungen in den Abendstunden
Foto: M. Hallmen

Kritische Selbstreflexion meines Freilandterrarienbaus

Mit den folgenden Ausführungen möchte ich jeden Erbauer eines Freilandterrariums für Schlangen ermahnen, sein Werk nicht zu verbissen anzugehen und auszuführen. Ein kritischer Abstand zum eigenen Tun lockert die innere Anspannung während des Projektes. Versuchen Sie sich bei der Arbeit mit den Augen anderer zu sehen. Halten Sie inne, wenn ihre Arbeit von Realsatire nicht mehr zu unterscheiden ist. Machen Sie sich klar: Sie tun das alles aus Spaß! Lachen Sie über sich selbst! In diesem Sinne…

Ich verstehe bei meinen Hobbys meist keinen Spaß; im Gegenteil: Ich nehme sie bislang immer sehr ernst! Insofern war es aus meiner Sicht eine nur logische Konsequenz, dass für meine Strumpfbandnattern neben 16 Terrarien im Keller selbstredend auch eine Freianlage in unserem kleinen Garten Platz finden musste. Es ist mir unverständlich, wie man das nicht verstehen kann! Aber im Laufe meiner Arbeiten sollten mir einige dieser merkwürdigen Menschen begegnen. Nein, weniger die Nachbarschaft; die hat schon vor mir gesponnen. Der eine Nachbar hält zur Unzeit krähende Zwerghühner, der andere züchtet in drei riesigen Teichen japanische Koi zur Schlachtreife und der Dritte findet von hysterischem Gekreische begleitet hin und wieder einen Grasfrosch in seinem antiseptischen Swimmingpool. Doch so etwas exotisches wie eine Schlangenfreianlage sorgte selbst in dieser Nachbarschaft geringfügig für Aufsehen.

Die Planungsphase verlief zermarternd. Jedes Detail musste sorgsam überlegt und für alle anstehenden Arbeiten nicht nur eben so eine technisch zufriedenstellende Lösung, sondern schlicht die bestmögliche aller Varianten gefunden werden. Natürlich war damit klar, dass ich die Anlage selbst bauen würde. Kein Handwerker könnte mir die Arbeiten gut genug ausführen, denn wer könnte sich schon in meine speziellen Wünsche auch nur annähernd befriedigend eindenken? Doch diese Entscheidung machte mich einsam. Schnell gaben mir ansonsten wohlgesonnene Menschen – darunter auch meine Frau – zu verstehen, dass sie nicht zu jeder Tages- und Nachtzeit bereit waren, über meine technischen Probleme zu philosophieren und noch weniger, mir eine Lösung dafür vorzuschlagen. Ich musste lernen, an wen ich meine Anfragen in welcher Dosis richten konnte; da blieben nicht viele. Das Problem war schlicht: Zahlreiche der anstehenden Arbeiten hatte ich selbst noch nie durchgeführt, und die technischen Schwierigkeiten, die ich als handwerklicher Laie, der ich leider nun einmal bin, auf einmal sah, raubten mir viel zu häufig den Schlaf. Dabei war doch jede noch so kleine Entscheidung so furchteinflößend wichtig; schließlich sollte die Freianlage nichts Geringeres als mein Dasein als Schlangenhalter für den Rest meines Lebens in eine noch kaum zu erahnende, aber bestimmt selig machende Dimension heben. Es war der erste sehr ernste Prüfstein für mein Vorhaben, denn: Keiner verstand mich!

Nach einem guten Jahr Planung fühlte ich mich dem Vorhaben zwar immer noch nicht so recht gewachsen, aber es musste ja nun endlich mal losgehen; für mich selbst und meine Gesundheit und wegen des in meiner unmittelbaren Umgebung erzeugten Erwartungsdruckes. Zudem drängte das Frühjahr. Die Bestellung des Fertigbetons hatte etwas Endgültiges: Jetzt gab es kein Zurück mehr! Auch das Glas und die Rückwand waren geordert; wehe, wenn ich mich jetzt vermessen hatte. Wie gut die einjährige Planung war, zeigten schon die ersten noch kleinen Aushubarbeiten: Ich hatte das Volumen des Aushubes natürlich hoffnungslos unterschätzt. Doch ich war nun nicht mehr aufzuhalten; die Sache nahm wirklich Gestalt an.

Innerhalb von 2 Wochen veränderte sich die Szenerie dramatisch: Zuvor eine biedere, mit Knochensteinen ausgelegte Einfahrt einer Doppelhaushälfte, die mit einem dieser ach so kreativ bemalten Fertiggaragentore endet, bot sie nun eher den Anblick einer Nachkriegslandschaft. Statt des bis dato üblichen Tores wurde die Einfahrt nun von einem reichlich gefüllten 7m^2-Baucontainer nahezu unpassierbar gemacht. Ein sichtlich betagter Betonmischer fand sich in einer planlos modellierten Landschaft aus vier Tonnen Sandsteinen wieder. Dazwischen 2 m^3 Sand und ein kleiner Hänger, der durch den eilends und überstürzt davor gestellten Container nicht mehr zu nutzen und zu einem wenig dekorativen Platzhalter geworden war. Bei geöffnetem Garagentor bot das Arrangement aus über 120 Säcken Fertigbeton, einem Bündel rostender 8-mm-Armierungseisen, zwei verbeulten Schubkarren, einer Werkzeugecke, einem aufgerissenen Paket Styroporplatten und zahllosen Kleinteilen den Anblick eines vermeintlich chaotisch geführten Minibauhofes. Gute Freunde – und nur solche schreckte der Anblick unserer Einfahrt nicht ab – mussten sich durch einen schmalen Korridor zwischen den verdreckten Seitenwänden des Containers und den mit olfaktorischen Genüssen lockenden Mülltonnen in einem Hürdenlauf über Steine als Geschicklichkeitstest einen Weg zu unserem verbarrikadierten Haus bahnen. Zu dieser Zeit hatten wir angenehm wenig Besuch!

Auch die Kinder hatten ihren Spaß. Von ihrem baugestressten Vater barsch aus dem Garten verbannt, bot der „Dreckberg" im Container alles, was das Kinderherz zum Schmuddeln braucht. Während zahlloser Schatzsuchen im Erdaushub genossen sie es, aus erhöhter Sicht grölend alle Passanten mit einer ungewollt verstreuten Ladung Erde zu begrüßen. Ich bilde mir ein, dass die Sitte der meisten Anwohner, unser Haus auf der gegenüberliegenden Straßenseite zu umlaufen, aus jenen Tagen stammt und nichts mit meinem Schlangenhobby oder dem Schild „Vorsicht freilaufender Python" am Eingangstor zu tun hat. Ihren Beitrag dazu lieferten sicherlich auch die Heerscharen von Gastkindern, die den Dreckberg oft flächendeckend besiedelten. Unzählige Eimer voll Wasser wurden im Rahmen von „Jugend forscht" bei Versickerungsexperimenten in den Container entleert. Ich übersah dabei geflissentlich, dass die Entsorgung des Aushubs nach Gewicht berechnet wurde; ungestörtes Arbeiten hat eben seinen Preis. Abends fanden wir dann sehr zur Freude der Hausfrau nach dem Entleeren der Gummistiefel in der Diele kleine detailgetreue Nachbildungen des großen Originaldreckberges in der Einfahrt.

Und es kam, wie es kommen musste: Das Familienoberhaupt hatte nicht nur den Aushub, sondern auch die gesamte Dimension der angegliederten Terrassenumgestaltung unterschätzt. Meine Mitmenschen behaupten, dass ich in derartigen Stresssituationen unausstehlich würde. Selbstverständlich war dem nicht so! Aber dennoch nahm meine Familie reißaus und mietete sich für eine Woche in einem Familienurlaubsdorf ein. Mir gänzlich unverständlich wurden die Kosten dafür von meiner Frau in der Endabrechnung als Folgekosten des Terrarienbaus deklariert. Wie dem auch sei: In dieser Woche kam der Bau gut voran, mein körperlicher Zustand verhielt sich dazu umgekehrt proportional, doch mein Gemütszustand besserte sich allmählich wieder. Daher brachte es mich auch nicht mehr aus der Fassung, dass meine Familie nach ihrer Rückkehr nur meinte: „Hier sieht es ja aus wie vor einer Woche!" Ich bin wohlwollend bis heute der Überzeugung, dass diese Aussage die pure Ironie war.

Die Schlangenfreianlage war soweit endlich fertig gestellt und ich fieberte dem Tag X entgegen, da die Tiere ihre neue Heimat beziehen sollten. Um meine Frau für ihre Geduld mit mir und dem Bau zu ehren und um mir ein für alle Zeit markantes Datum für dieses einzigartige Ereignis zu sichern, wählte ich ihren 40. Geburtstag. Höflich wartete ich die Gratulationsrunde der Kinder und das Auspacken der Geschenke ab. Dann kam meine Bescherung. Die z. T. seit über einem Jahr auf diesen Tag vorbereiteten Strumpfband-, Würfel- und Ringelnattern wurden in einer kleinen Feierstunde in die Freianlage gesetzt. „La ola" wurde von meiner Familie initiiert, aber von mir aufgrund einsetzender Fluchtreaktionen der Tiere alsbald wieder höflich, aber bestimmt unterbunden.

All meine Phantasien über Schlangen in naturidentischer Umgebung sollten sich nun konkretisieren. Ich hegte bislang hohe bis höchste Erwartungen an Möglichkeiten der Beobachtung und zum Fotografieren. Bilder von sich in aller Ruhe vor Makrolinsen sonnenden Schlangen in allen wünschenswerten Posen waren in meiner Vorstellung dominierend. Doch es kam alles anders: Frust pur war in den ersten Wochen angesagt. Die Tiere zeigten sich äußerst undankbar, hatte ich doch ihretwegen neben nicht unbeträchtlichen Kosten auch sehr viel körperliche Unbill auf mich genommen und mein Familienleben wegen meines Hobbys in einer bis dato ungekannten Dimension belastet. Kaum ein Tier ließ sich blicken und noch peinlicher: Vor allem den sich nach und nach einladenden Gästen war ihre Enttäuschung anzusehen, wenn sich von 20 Schlangen nur ein adultes Weibchen von ihrem Besuch unbeeindruckt zeigte. Alle anderen nutzten die sehr üppig eingerichteten Versteckmöglichkeiten. Natürlich wusste ich, dass die Schlangen ihre Zeit in der neuen Anlage brauchten; dennoch hätten sie mir das nicht antun müssen.

Viel zu langsam und viel zu allmählich stellte sich den Sommer über Normalität im Freiterrarium ein. Heute, wenn ich von der Schule nach Hause komme und meine Freianlage bereits beginnt, in den Kernschatten des Hauses einzutreten, berichten mir meine Kinder gleich nach einem liebevollen „Hallo Papa!“ mit anschließender Umarmung, was sie gesehen haben. Mein Ältester (1. Schuljahr!) schreibt mir immer Artlisten mit z. B. „*damofis brokimus*“, „*damofis semifa - sadus*“, „*damofis ratichs*“ oder „die Swaze“, die ich – nach der neuen Rechtschreibung überarbeitet – dann nicht ohne Stolz in mein eigens für die Freianlage angeschafftes 200-seitiges Beobachtungsbuch übernehme. Selbst meine Frau kann inzwischen eine *Thamnophis marcianus* von einer *Thamnophis radix* anhand eines nur kleinen Körperausschnittes auf drei Meter Entfernung unterscheiden. Mit Zimmerterrarien alleine hätte ich das nie geschafft!

Geburtstagsluftballons der Kinder über dem Betonmischer: Es war eine Zeit der Prüfung. Foto: M. Hallmen

4. Betrieb eines Freilandterrariums für Schlangen

Inbetriebnahme

Der Aufwand für den Bau eines Freilandterrariums für Schlangen kann beträchtlich sein. Doch nun die gute Nachricht: Die Wartungsarbeiten an Freianlagen verhalten sich dazu umgekehrt proportional, d. h. sie betragen nur einen Bruchteil des zeitlichen Aufwandes, der für Zimmerterrarien notwendig ist.

Wer ein Freilandterrarium für Schlangen geplant und gebaut hat, der sehnt den Tag herbei, an dem er die ersten Tiere in die Anlage einsetzen kann. Doch der Tag will auch gut vorbereitet sein, denn man sollte sich keines Falls dazu hinreißen lassen, einfach irgendwelche Tiere in die Anlage zu setzen. Die Schlangen müssen eine ausreichende Größe haben. Bei mir kommen nur Tiere in die Außenanlage, die zwei Jahre oder älter sind. Auch direkt aus dem Tierhandel stammende Wildfänge sind fehl am Platz. Eventuelle Krankheiten oder Parasiten sind im Freilandterrarium sehr schwer, in manchen Fällen gar unmöglich zu behandeln. Ich setze kein Tier, das aus fremden Händen stammt, ohne sechs- bis achtwöchige Quarantäne ein; bei Zimmerterrarien halte ich das übrigens auch so.

Die Tiere kommen am besten an warmen Maitagen ins Freilandterrarium. Frühling bis Frühsommer ist die beste Jahreszeit, denn die Tage sind bereits länger und wärmer, und die Schlangen haben den Sommer in der Anlage noch vor sich. Frisch in die Anlage gebrachte Schlangen zeigen oft ein Orientierungs- und Erkundungsverhalten. Für einige Zeit sind sie dann rege unterwegs und inspizieren alle Ecken und Verstecke. Manche scheueren Tiere verstecken sich auch sofort und sind ab dann erst einmal selten zu sehen. Doch das trifft leider oft auch auf jene zu, die anfangs munter umhergekrochen sind. Dann setzt der große Frust ein! Die Tiere sind oft bereits nach einem Tag ungewohnt scheu (auch STRATHEMANN 1995b). Besonders in noch schütter bepflanzten Freilandterrarien bleiben die Schlangen fast bei jeder Witterung verborgen. Es dauert Wochen, bis sich „Normalität“ einstellt. Bereits im zweiten Jahr der Anlage werden sich die meisten Schlangen so fotogen zeigen, wie man sich das in den unruhigen Träumen während der Bauphase ausgemalt hat.

Temperaturmessungen im Freilandterrarium

Wer mit der Terraristik beginnt, der braucht als wichtigen Orientierungspunkt bei der Haltung der Tiere Angaben zu den Aktivitäts- und Vorzugstemperaturen seiner Pfleglinge. Ohne Erfahrungswerte kommt er nicht umhin, die Temperaturen seines Zimmerterrariums zu verschiedenen Tageszeiten an unterschiedlichen Stellen zu messen. So erfährt er etwas über die Verteilung der Temperaturen in seinem Terrarium und er lernt, das Verhalten seiner Tiere besser einzuschätzen. Beim Freilandterrarium glaubt sich mancher stolze Neubesitzer derartiger „Kennenlern-Übungen“ entbunden, hat er doch ausreichend viele unterschiedliche Mikroklimate bei der Innengestaltung der Anlage geschaffen. Dem mag auch durchaus so sein, doch lässt er sich eine große Chance zum intensiven Verstehen seiner Anlage dadurch entgehen. Ich möchte an dieser Stelle kurz über einige bislang noch unveröffentlichte Daten einer Tagesmessung in meinem damals neuen Freilandterrarium für Schlangen berichten. Es werden hier nicht alle Messergebnisse und nur die wichtigsten Erkenntnisse angesprochen. Weitere Informationen dazu können in Kürze nachgelesen werden (HALLMEN in Vorb.).

Die Messungen wurden an einem Sonntag im August 1999 durchgeführt. Von 5.00–23.00 Uhr wurde mit einem Thermometer, an dem sich eine mit einem 2 m langen Kabel verbundene Messsonde befand, alle 2 Stunden an 18 Messpunkten die Temperatur gemessen. Eine Messreihe dauerte ca. 30 min. Diesem Tag vorausgegangen war eine sehr sonnige Periode unter dem Einfluss eines stabilen Hochdruckgebietes. Um 6.15 Uhr kam die Sonne über den von Hausdächern ge-

Aufschlussreiche Temperaturmessungen im Freilandterrarium Foto: aus Hallmen & Chlebowy 2001

bildeten Horizont; um 7.30 Uhr trafen die ersten Sonnenstrahlen das Freilandterrarium auf der Terrasse unseres Gartens. Ab 12.30 Uhr war leichte Quellbewölkung aufgetreten; um 13.05 Uhr begann der Schatten unsres Hauses über die Anlage zu wandern, und ab 15.10 Uhr war sie für den Rest des Tages komplett im Schatten.

Auf den Steinen bildeten sich in der Sonne beachtliche Temperaturen (bis 42,3 °C). Da es sich in meiner Anlage um hellen Kalkstein aus Wöschbach im Kraichgauer Hügelland bei Karlsruhe handelt, sind die Oberflächentemperaturen noch vergleichsweise gering. Temperaturmessungen von Stange (2002) in seinem Freilandterrarium für Schlangen ergaben, dass auf schwarzem Schiefer Temperaturen von bis zu 75 °C erreicht werden. Die höchste Temperatur in meiner Anlage erreichte mit 44,3 °C der dunkle Rindenmulch. Er kühlte bei Beschattung jedoch schneller ab als die Steine. Das „Nachglühen" der Steine war dennoch auch nach zwei Stunden andauernder Beschattung noch deutlich mit der Hand wahrzunehmen. Trotz all der Vielfalt an unterschiedlichen Temperaturen draußen schwankte die Temperatur im Überwinterungsquartier in einer Tiefe von 60 cm im Boden im Messzeitraum nur um 0,2 °C. Im Vergleich zu den besonnten Oberflächen des Terrariums war es in den meisten Höhlen der Anlage den ganzen Tag über moderat warm – kein Grund also für die Schlangen, ihren Unterschlupf zu verlassen, und folglich bekam ich an diesem heißen Sommertag auch kaum eine von ihnen zu sehen. Lediglich um die Mittagszeit konnte ich die Würfel- und Ringelnattern (*Natrix tessallata, N. natrix*) im Wasser des Teiches schwimmen und tauchen sehen. Die Messergebnisse machen deutlich, warum die Tiere tauchten: Die unteren Wasserschichten waren deutlich kühler als die Wasseroberfläche. Die Strumpfbandnattern (Gattung: *Thamnophis*) nutzten die Möglichkeit zur Abkühlung nicht. Die maximale Lufttemperatur unmittelbar über dem Boden von 33,0 °C wurde nur direkt in der Sonne erreicht. Die beiden Ausnahmen (unter einem Rindenstück auf Mulch und in einem Spalt einer der Steinmauern) befanden sich ebenfalls quasi in der Sonne, denn die unmittelbare Umgebung wurde sehr intensiv von der Sonne beschienen. Alle anderen Messpunkte lagen unter der maximalen Lufttemperatur. Auch um 23.00 Uhr wiesen die meisten Messpunkte immer noch Temperaturen von über 20 °C auf . Der wärmste Punkt zu dieser späten Stunde war eine Höhle im Erdreich, in der sich die Schlangen noch an 23,7 °C erfreuen konnten.

Seit diesen Messungen habe ich zumindest eine blasse Ahnung von dem, was meine Schlangen an einigen Stellen des Freilandterrariums thermoregulatorisch bewegt.

Fütterung der Schlangen

Schlangen im Freilandterrarien benötigen über das Jahr hinweg weniger Futter als im Zimmerterrarium. Orth (2001) schätzt den Bedarf auf nur ca. die Hälfte. Nach meinen Erfahrungen würde ich ihn sogar noch geringer einstufen. Das liegt hauptsächlich daran, dass die Fütterperiode verkürzt ist. Zusätzlich treten noch Futterpausen während Schlechtwetterperioden auf, die es so im Zimmerterrarium nicht gibt. Ich beginne mit der

Fütterung diverser Wassernattern mit toten Fischen aus einer Futterschale Foto: aus Hallmen & Chlebowy 2001

Fütterung meiner Tiere Ende April bis Anfang Mai. Die letzte Fütterung des Jahres ist meist im Oktober. Wie andere Besitzer von Freilandterrarien für Schlangen, so achte auch ich zuvor auf den Wetterbericht. Nur wenn für die kommenden Tage warmes Wetter angekündigt ist, wird gefüttert, denn Schlangen brauchen natürlich auch im Freiland Wärme zur Verdauung. Nach einer Fütterung vor einem Kälteeinbruch müssten die Schlangen die Nahrung erbrechen, um nicht Schaden durch sich entwickelnde Giftstoffe zu erleiden. Diesen Kummer sollte man den Schlangen und sich ersparen.

Bei der Fütterung von Fischfressern – wie z. B. Vertretern der Wassernattern (Natricinae) – kann man grundsätzlich lebende oder tote Fische reichen. Die lebenden Futtertiere wird man in größeren Wasserschalen oder am besten im Teich der Anlage anbieten. Sie können quasi als Futtervorrat angesehen werden, an dem sich die Tiere je nach Bedarf bedienen. Bei Wasserschalen ist darauf zu achten, dass das Wasser darin nicht zu warm wird und die Fische nicht an Überhitzung sterben. Wer heimische Fische in einen entsprechend tiefen Teich setzt, darf damit rechnen, dass sie den Winter überstehen und sich vermehren. Gut geeignet sind, wie schon erwähnt, Moderlieschen (*Leucaspius delineatus*) oder Elritzen (*Phoxinus phoxinus*), die es auch in einer den Goldfischen ähnelnden Zuchtfarbe gibt. Hochrückige Fische, wie z. B. Goldfische (*Carassius auratus*), sind nicht zu empfehlen. Überhaupt enthalten alle Arten aus der Verwandtschaft der Weißfische (Cyprinidae), wozu auch der Goldfisch und der Karpfen (*Cyprinus carpio*) gehören, einen erhöhten Anteil an Thiaminase. Das ist ein Enzym, das das für die Wassernattern lebensnotwendige Vitamin B_1 abbaut. Gleiches gilt für Seefisch. Die resultierende Krankheit der Schlangen kann besonders in einem Freilandterrarium schnell tödlich verlaufen. Daher sollte auf die Verfütterung dieser Arten verzichtet werden (Hallmen & Chlebowy 2001).

Nicht alle Wassernattern jagen jedoch aktiv nach lebenden Fischen. Insbesondere von Strumpfbandnattern der Gattung *Thamnophis* ist bekannt, dass sie im Vergleich zu Vertretern der

Gattungen *Natrix* oder *Nerodia* vergleichsweise schlechte Jäger sind (STRATHEMANN 1995b). Mir liegen bislang keine Berichte vor, in denen ein Halter sie je im Teich eines Freilandterrariums aktiv hätte jagen sehen. Die Gewohnheiten der Nahrungsaufnahme werden auch von einer eventuellen Aufzucht der Tiere im Zimmerterrarium geprägt. Schlangen, die ausschließlich mit toten Fischen gefüttert wurden, wissen im Freilandterrarium meist nichts mit lebenden Fischen anzufangen. Die meisten Halter dieser Schlangenarten füttern ihre Tiere hauptsächlich mit toten Fischen. Dazu wird gerne der im Zoofachhandel als Frostfutter in unterschiedlichen Verpackungseinheiten erhältliche Stint (*Osmerus eperlanus*) verwendet (HALLMEN 1998), doch sind auch viele andere Arten als ganze Fische oder in Streifenform geeignet. Sie werden in einer Schale im Freilandterrarium angeboten. Dabei kommt es jedoch regelmäßig vor, dass sich zwei Schlangen in dasselbe Futtertier verbeißen. Wenn der Halter hier nicht aufmerksam ist und rechtzeitig eingreift, so kann es zu Verlusten kommen. Diejenige Schlange, die ihr Maul zuerst über das des anderen Tieres bekommt, wird dieses nicht selten mitverschlingen (WIJK 2001). Daher sollte man die Schlangen keinesfalls während der Fütterung unbeaufsichtigt lassen. Ich plane bei jeder Fütterung mindestens 30 min ein, in denen ich vor der Anlage sitze und jederzeit zum helfenden Eingreifen bereit bin. Um diese Wartezeit zu umgehen, kann man die Schlangen einzeln z. B. mit einem Stab füttern, an dem eine Futternadel (stumpfer Nagel o. Ä.) zum Aufspießen der Futterfische befestigt ist (STRATHEMANN 1984, 1995b). Die Tiere gewöhnen sich meist rasch an

Gezielte Fütterung mittels eines Futterstabes
Foto: aus Hallmen & Chlebowy 2001

Verbeißen zweier Wassernattern in denselben Futterfisch (links: *Thamnophis sirtalis sirtalis*; rechts: *Thamnophis proximus proximus*) Foto: M. Hallmen

eine solche Praxis. Ich gebe meinen Tieren so viel Futter, dass auch nach ca. 1 Stunde – nach dem ersten Ansturm – noch Fische übrig sind. Diese lasse ich dann über Nacht in der Anlage, damit auch scheuere Tiere sich noch bedienen können. Die Gefahr des Verbeißens ist dann weitaus geringer, da die meisten Tiere bereits satt sind. Das Verfüttern toter Fische hat noch einen Vorteil: Das Futter kann einfach und schnell mit Vitaminpräparaten (eventuell besonders mit Vitamin B_1 angereichert) versetzt werden. Über einen Futterstab sind sogar gezielte orale Gaben von Medikamenten möglich.

Auch Mäuse fressende Schlangen wie z. B. Vertreter der Gattungen *Elaphe* könnten in Freilandterrarien grundsätzlich mit lebenden oder toten Futtertieren ernährt werden. Lebende Mäuse, die nicht sofort von den Schlangen gefressen werden, können jedoch allerlei Schaden an den Schlangen, aber auch an der Anlage anrichten. Die Schlangen werden eventuell aus Neugierde oder Hunger von den Mäusen angeknabbert, was zu unschönen Vernarbungen führt, die bei Häutungen zu Problemstellen werden können. In extremen Fällen kommen auch Schlangen durch dieses Benagen zu Tode. Im Freilandterrarium können Mäuse den Schlangen außerdem durch ihre Grabetätigkeit Schlupflöcher in die Freiheit vorgeben oder Folien (z. B. von Teichen) bzw. Umrandungsmaterialien anknabbern und sie dadurch beschädigen. Daher ist es ratsam, in Freilandterrarien nur tote Mäuse zu verfüttern. Das kann wiederum durch lange Stangen oder Pinzetten erfolgen und ermöglicht so eine sehr gute Kontrolle über die aufgenommene Futtermenge.

Futterpausen z. B. während Urlaubsfahrten sind für die meisten Schlangen auch über mehrere Wochen hinweg kein Problem. Lediglich Trinkwasser muss vorhanden sein. Die gezielte Fütterung von Jungschlangen ist im Freilandterrarium jedoch nicht immer möglich. Sie leben meist sehr versteckt und gehen häufig nicht an das angebotene Futter. Wenn sie nicht aus der Anlage gefangen werden, gehen sie oft ohne Futteraufnahme direkt in die Überwinterung. Im Frühjahr wird der Halter dann erstaunt feststellen, dass viele Jung-

***Elaphe guttata* frisst eine Maus.** Foto: M. Hallmen

schlangen das überleben. Sie nehmen sogar ohne Fütterung an Gewicht zu, denn viele Arten ernähren sich anfangs von Tieren, die in der Anlage fast immer vorhanden sind, wie z. B. Fliegen, Spinnen, Asseln, Tausendfüßlern, Regenwürmern, Nacktschnecken usw. Dennoch versuche ich nach Möglichkeit, meine meist im Herbst geborenen Jungschlangen zur sichereren Fütterung und Überwinterung in ein Zimmerterrarium zu überführen.

Im Laufe der Jahre wird man für gut besetzte Anlagen die Zahl der darin befindlichen Schlangen nicht mehr genau angeben können. Es sind praktisch nie alle Tiere gleichzeitig auszumachen. Lediglich während der Fütterung sieht man zumindest noch die meisten gleichzeitig. Man sollte diese Gelegenheit zur Bestandsaufnahme nutzen und die Fütterung daraufhin gezielt verfolgen. Ich nutze die ersten beiden Fütterungen im Mai eines jeden Jahres zur „Inventur", indem ich mir genau notiere, von welcher Art / Unterart wie viele Tiere zu sehen waren. Durch den Vergleich der beiden Beobachtungen erhalte ich doch einen guten Eindruck vom nachwinterlichen Besatz der Anlage.

Vermehrung

Eine erfolgreiche Nachzucht adelt den Halter von Tieren. Sie ist zumindest ein Indiz dafür, dass es den Tieren an nichts Grundlegendem mangelt. Auch in Freilandterrarien für Schlangen sind regelmäßige Nachzuchten möglich. In der Regel stellt sich der Nachwuchs hier aber immer erst im Spätsommer bis Herbst ein, weil die Paarungen zumeist später stattfinden und die Entwicklung der Jungen durch Perioden mit schlechterem Wetter verzögert werden kann. Von allen in Mitteleuropa vorkommenden Schlangenarten liegen Berichte über erfolgreiche Nachzuchten in Freilandterrarien vor. Gleiches gilt für viele nordamerikanische Strumpfbandnattern aus nördlicheren Verbreitungsgebieten (Strathemann 1995b, Hallmen 2001d, 2002a).

Lebendgebärende Arten sind vergleichsweise einfach zu züchten, z. B. die Strumpfbandnattern *Thamnophis sirtalis* (vor allem die Unterarten *T. s. sirtalis*, *T. s. parietalis* und *T. s. semifasciatus*), *Thamnophis butleri* sowie *T. ordinoides*. Da sich die Jungen im Körper des Muttertieres entwi-

„Mating ball" verschiedener Unterarten von *Thamnophis sirtalis* Foto: M. Hallmen

Erwärmter Eiablageplatz für Schlangen Foto: M. Hallmen

ckeln, sind keine spezielleren Einrichtungen des Freilandterrariums notwendig. Allen Eier legenden Arten muss man für eine erfolgreiche Brut Eiablageplätze anbieten. Ringel- (*Natrix natrix*) und Würfelnattern (*N. tessellata*) nehmen gerne Strohhaufen, Mulchschichten oder Stellen mit vermoderndem Holz an. In jedem Fall muss jedoch eine gewisse Grundfeuchtigkeit vorhanden sein. Entsprechend sind die potenziellen Eiablageplätze regelmäßig mit Bedacht zu bewässern.

Neugeborene Jungtiere sollten aus der Anlage gefangen und in einem Zimmerterrarium aufgezogen werden. Das erleichtert die Fütterung, und man hat eine bessere Kontrolle. Ich bevorzuge diesen Weg. Es gelingt jedoch nicht immer, alle Jungen aus der Anlage zu holen. Es liegen zahlreiche Berichte über junge Wassernattern vor, die in diesen Fällen erfolgreich in der Anlage überwintert haben (S. Bol, pers. Mittlg. 1999, Strathemann 1995b, R. Kamp, pers. Mittlg. 2001, Hallmen 2001d). Daher können die Jungschlangen auch in ein separates, kleineres und übersichtlicheres Freilandterrarium überführt und dort aufgezogen werden (Hallmen 1997, Strathemann 1995b). Auch die Gelege von Eier legenden Arten werden von den Haltern gerne entnommen und künstlich inkubiert. Doch auch sie sind manchmal gar nicht oder nur unvollständig aufzufinden. Unter idealen Bedingungen werden die Eier aber auch im Brutsubstrat des Freilandterrariums erfolgreich ausgebrütet. Man kann die Eiablagestelle zu diesem Zweck bereits vorab oder nach der Eiablage künstlich mit Wärme versorgen (z. B. Heizschleife, Wärmelampe, Glasplatte). Regelmäßige Feuchtigkeits- und Temperaturmessungen bzw. deren (automatische) Regulation optimieren die Brutqualität. Im Alpenzoo Innsbruck (Österreich) werden unter besten Bedingungen alle in Österreich vorkommenden Schlangenarten (Ausnahme: Schlingnatter, *Coronella austriaca*) in den jeweiligen Freilandterrarien seit vielen Jahren ohne eine künstliche Inkubation nachgezogen.

Im Herbst 2001 hatte ich erstmals Probleme mit einem trächtigen Weibchen von *T. s. parietalis* (Hallmen 2002c). Das Tier war ganz offensichtlich trächtig, konnte seine Jungen aber nicht absetzen. Mir schien der Sommer – obwohl er recht warm gewesen war – nicht für eine rechtzeitige Entwicklung der Jungen ausgereicht zu haben. Denn nun, da die Jungen wohl so weit waren, verhinderten wahrscheinlich die inzwischen sehr niedrig gewordenen Tagestemperaturen eine Geburt. Ich fing das Tier aus der Anlage und brachte es in ein gut beheiztes Zimmerterrarium; doch die Legenot war bereits zu weit fortgeschritten. Das Tier verendete.

Überwinterung

Der Bau von geeigneten unterirdischen Überwinterungsquartieren wurde ja bereits besprochen. Einmal angelegt, ist eine solche Einrichtung nahezu wartungsfrei. Nach einigen Jahren kann es lediglich nötig sein, das Substrat im Überwinterungsquartier aufzufüllen oder gänzlich zu erneuern. Wer ein Thermometer eingebaut hat, kann den Temperaturverlauf in Abhängigkeit von der Außentemperatur verfolgen. Isoliert die Abdeckung über dem Hibernaculum nicht sehr gut vor Kälte, so sollte man es in sehr kalten Wochen zusätzlich mit Noppenfolie, Stroh, Laub oder sonstigen Materialien abdecken. Heizungen im Hibernaculum (Wijk 2001) dürfen nur in Ausnahmefällen bzw. zur Wahrung einer Mindesttemperatur angeschaltet werden, damit die Schlangen ihren natürlichen Rhythmus behalten.

Temperaturmessungen im Überwinterungsquartier meines Freilandterrariums ergaben in 60

Im Winter kann ein zusätzlicher Wärmeschutz über dem Überwinterungsquartier notwendig werden.
Foto: M. Hallmen

cm Tiefe für den Zeitraum von Juli 1999 bis Mai 2000 folgendes Bild: Wie kaum anders zu erwarten, zeigte sich der Temperaturverlauf im Hibernaculum direkt abhängig vom Verlauf der Außentemperatur. Lediglich im Juli lag die monatliche Durchschnittstemperatur über der des Schachtes. In allen anderen Monaten des Messzeitraumes war es im Hibernaculum wärmer als an der Außenluft. Die Durchschnittstemperaturen schwankten innen zwischen Sommer und Winter um 11,7 °C (21,1–9,5 °C), bei der Lufttemperatur ergab das Monatsmittel Abweichungen von 20,8 °C (22,2–1,4 °C). Die höchste Temperatur im Hibernaculum betrug 22,3 °C (August), die tiefste 7,6 °C (Dezember). Die größte Schwankung innerhalb von 24 Stunden war 1,5 °C. Damit erwies sich der Überwinterungsschacht gegenüber Temperaturveränderung der Umgebung als sehr träge. Das deckt sich mit Ergebnissen von STANGE (2002), der in seinem noch nicht mit Material gefüllten Überwinterungsschacht eine Verzögerung der Temperaturveränderungen gegenüber außen von zwei bis drei Tagen feststellte. Zu Extremwerten kam es bei ihm ebenso wenig wie bei mir. Ein Beleg dafür sind z. B. die bei mir gemessenen Werte im Januar: Trotz Differenzen der Außentemperatur von 22,9 °C schwankte die Temperatur des Überwinterungsquartiers im gesamten Monat nur um 2,3 °C. Die gemessenen Schwankungen liegen möglicherweise ein wenig höher als in anderen Anlagen, besonders die Sommerwerte. Das mag daran liegen, dass das Hibernaculum in meinem Freilandterrarium nur mit einer Hartkunststoffplatte und einer ca. 5 cm dünnen Mulchschicht abgedeckt ist. Die Sonne erwärmt beides ziemlich rasch, und die Wärme wird dann in den Überwinterungsschacht weitergegeben. Bei Abdeckungen, die besser gegen Hitze und Kälte isolieren, sind noch weniger Temperaturschwankungen im Innern des Überwinterungsquartiers zu erwarten. Weitere Informationen hierzu können in HALLMEN (2003) nachgelesen werden.

Aber auch wer kein Hibernaculum in sein Freilandterrarium eingebaut hat, kann geeignete Ar-

Temperaturverlauf im Hibernaculum im Vergleich zu den minimalen und maximalen Tagestemperaturen des Januars 2000

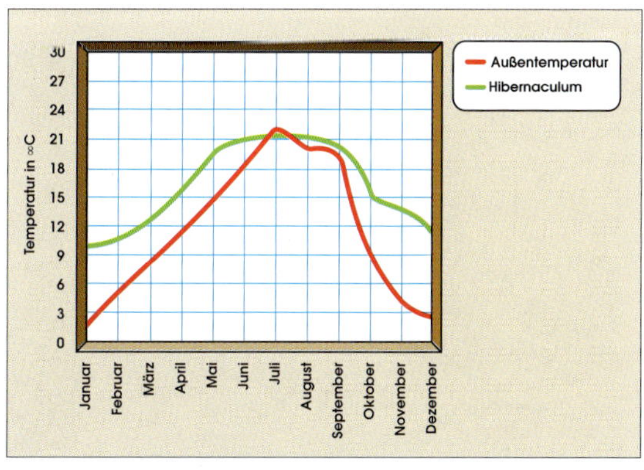

Vergleich der Außentemperatur mit der im Hibernaculum im Winter 1999/2000

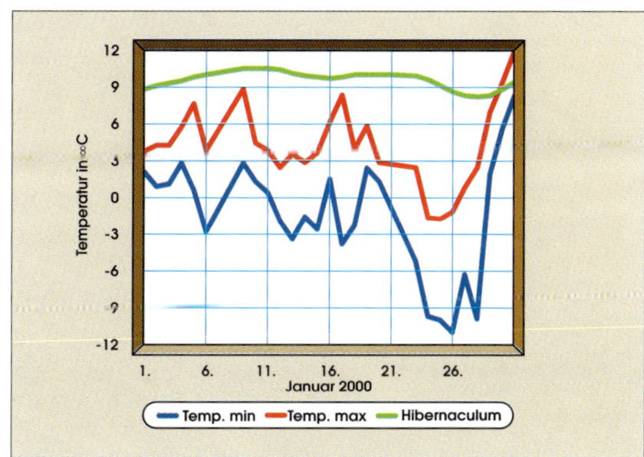

ten darin überwintern. Bei der so genannten oberirdischen Überwinterung werden Haufen aus wärmedämmendem Material aufgeschichtet, wie z. B. Laub oder Stroh. Zwischen die einzelnen Schichten legt man Äste, die für entsprechende Hohlräume sorgen (HALLMEN 1997). Die Schichtdicke des Überwinterungssubstrates sollte mindestens 50 cm betragen. Zusätzlich kann man noch eine Folie darüber legen. Die Schlangen suchen die Überwinterungshaufen aktiv auf. Im auslaufenden Frühjahr können sie wieder entfernt werden. In vielen Großanlagen wendet man diese Technik an, doch sie funktioniert ebenso in kleineren Freilandterrarien. Nach den Erfahrungen von LÜCKE (in: HALLMEN 1997) ist diese Methode auch für eine Überwinterung in Gebirgslagen geeignet. Er überwintert ca. 100 Schlangen damit in seiner 80 m² großen Freianlage am Alpenrand in einer Höhe von 800 m ü. NN schon seit Jahren erfolgreich. Als zusätzliche Isolierung vor Kälte dient eine oft vorhandene dichte Schneeschicht. Ein solcher Überwinterungshaufen braucht Platz und muss ausreichend Abstand zur nächsten Umrandung haben. Sonst nutzen ihn die Schlangen im Frühjahr als Ausstieg aus dem Freilandterrarium. Das mag ein Grund sein, warum diese Methode häufig nur bei größeren Anlagen angewendet wird. In kleineren Anlagen kann man bei ausreichender Höhe der Umrandungen so vorgehen: Die komplette Anlage wird im Herbst nach und nach mit Schichten aus Laub und Ästen gefüllt. Die Schichtdicke sollte mindestens 50 cm betragen. Abschließend kann noch mit einer Folie abgedeckt werden. Im Frühjahr werden die Schichten in umgekehrter Reihenfolge wieder abgetragen. Mit dieser Methode liegen ebenfalls gute Erfahrungen vor.

Manche Abdeckungen erfordern eine regelmäßige Kontrolle und Wartung. Foto: M. Hallmen

In einigen Fällen umgehen Schlangen alle für sie vorgesehenen Vorschläge für die Überwinterung. So konnte STRATHEMANN (1995a) nachweisen, dass ein Exemplar der Siegelringnatter (*Nerodia s. sipedon*) in den Boden eingegraben neben der Teichfolie überwinterte. HEIDT (1983) fand Schlangen, die eine Spalte zwischen einem Betonteich und dem sich anschließenden Erdreich zum Überwinterungsquartier erkoren hatten. Die Auffälligkeit, dass beide Fälle in unmittelbarer Nähe der Teiche stattfanden, ist vielleicht dadurch zu erklären, dass das darin befindliche Wasser kontinuierlich seine mindestens 4 °C an die unmittelbare Umgebung abgab und der Unterschlupf den Schlangen damit frostsicher schien.

Feinde

Fressfeinde sind unter Betreibern von Freilandterrarien trotz diverser Vorkehrungen immer wieder ein Thema. Hauptsächlich Erlebnisse mit Katzen sind in unterschiedlichen Varianten oft Grund zum Ärgernis. Dabei spielen nicht nur Raubzüge in kurzzeitig offenen Anlagen (HALLMEN 2002b) oder Einbrüche durch instabile Abdeckungen eine Rolle. Häufig ist zu hören, dass Katzen aktiv Abdeckungen manipulieren, Drähte verbiegen oder gar einfache Verschlussmechanismen öffnen (ORTH 2001, KREYERHOFF 2002 a+b). Hier ist vom Besitzer eines Freilandterrariums für Schlangen ein stets wacher Blick gefragt. Wer eben noch die süße Katze von nebenan gestreichelt hat, muss sich nicht wundern, wenn sie eine Minute später die Lieblingsschlange aus dem Terrarium auf nimmer Wiedersehen verschleppt. Seit ich meine Freianlage auf der Terrasse habe, bin ich kein Freund mehr von Katzen – wohl gemerkt: von Katzen in meinem Garten! Anderswo habe ich nichts gegen die Tierchen. Da ich keinen Hund besitze, übernehmen das Vertreiben der Katzen meine drei Kinder mit ihren Wasserspritzpistolen. Katzen sind inzwischen selten gesehene Gäste in unserem Garten…

Es gilt daher, in regelmäßigen Abständen die technische Funktionsfähigkeit von Schutzvorkehrungen gegen Fressfeinde zu überprüfen. Netze dürfen keine Löcher aufweisen, Kontaktstellen zur Umrandung müssen dicht schließen. Materialien aus Plastik können porös und brüchig werden oder Holzrahmen verziehen sich – die Ausbesserungsarbeiten dürfen nicht auf die lange Bank geschoben werden.

Pflegearbeiten

Ich wiederhole es an dieser Stelle gerne nochmals: Der Pflegeaufwand für das Betreiben eines Freilandterrariums für Schlangen ist in terraristischen Maßstäben gemessen als sehr gering einzustufen! Aber auch für die wenigen Eingriffe ist es notwendig, bequem und eventuell mit Gartengerät in der Hand über die Umrandung in die Anlage zu gelangen. Für mich als vergleichsweise groß gewachsenen Menschen sind 90 cm Umrandungshöhe das Maximum, was ich auf den Zehenspitzen stehend „im Schritt“ noch überwinden kann. Im Notfall müssen ein kleines Leiterchen oder ein Stuhl beim Übersteigen der Umrandung helfen. Bei Glasumrandungen ist immer sorgsam darauf zu achten, dass keine Gartengeräte, Steine oder ähnlich harte Gegenstände auf das Glas fallen können. Eine alte Decke als Schutz kann da hilfreich sein. Grundsätzlich gilt: Alle Eingriffe sind möglichst schonend auszuführen! Größere Arbeiten, z. B. Umbauten, verlegt man am besten in die Wintermonate, in denen sich die Tiere fast alle in ihrem Überwinterungsquartier aufhalten dürften. So kann man ungestört und ohne die Schlangen zu belästigen arbeiten. Wenn man die Anlage im Sommer betreten will, so muss jeder Tritt zuvor mit den Augen auf Schlangen hin abgesucht werden.

Ein einfacher Zugang erleichtert die notwendigen Pflegearbeiten.
Foto: M. Hallmen

Die Bepflanzung darf keine „Leiter in die Freiheit" bilden. Foto: G. Hallmann

Im Frühjahr und Sommer fallen am häufigsten gärtnerische Tätigkeiten an. Wer nur bestimmte Pflanzenarten dulden will, wird regelmäßig „Unkraut" entfernen müssen. Öffentliche Anlagen, in denen man bestimmte Biotope zeigen möchte, stehen in dieser gärtnerischen Pflicht. Ganz der Natur überlassene Anlagen bedürfen dieser Kosmetik nicht. In allen Fällen ist jedoch darauf zu achten, dass im Innenraum entlang der Umrandungen keine Pflanzen emporwachsen, an denen sich Schlangen einen Weg aus der Anlage suchen könnten. An diesen Stellen muss der Bewuchs immer stark zurückgeschnitten werden. Wer im Freilandterrarium Gras oder sogar Rasen pflegt, der darf natürlich keinesfalls mit einem Rasenmäher oder -trimmer arbeiten. Man könnte im Gras versteckte Schlangen übersehen oder die Geräte vor flüchtenden Tieren nicht rechtzeitig angehalten bekommen. Die Handschere ist das Mittel der Wahl, und selbst dann ist zuvor die Vegetation noch gut nach Schlangen abzusuchen.

Zu den regelmäßigen Arbeiten während der heißen Sommermonate gehört das Gießen des Freilandterrariums. Das Feuchtigkeitsbedürfnis ist je nach Vegetation und Bodengrund unterschiedlich, was selbstverständlich berücksichtigt werden muss. Das Vorhandensein einer Drainageschicht kann unter Umständen ein tägliches Gießen erfordern. Dabei wird man je nach Schlangenart feststellen, dass die Tiere die Feuchtigkeit nutzen, um aus ihren Verstecken zu kommen, vor allem im Hochsommer. Wer Leitungswasser verwendet, sollte versuchen, Glasscheiben nicht unnötig nass zu machen. Es könnten sich sonst Kalkrückstände ablagern, die ein unnötiges Putzen der Scheiben erzwingen würden.

Apropos Scheiben putzen: Während Regenfällen – besonders bei Gewittergüssen im Sommer – spritzt immer auch Erde an den Umrandungen hoch und verschmutzt sie in Höhen bis zu 50 cm über dem Boden. Grundsätzlich trifft das für alle Umrandungsmaterialien zu, aber es stört nicht bei allen gleich unangenehm. An Glasfronten wirkt es am auffälligsten, weil es die ungestörte Durchsicht behindert. Auch wenn jeder in diesem Punkt sicherlich eine unterschiedliche Toleranzschwelle hat, so wird man pro Saison mindestens ein bis zwei Mal zumindest die Frontscheiben putzen müssen. Man kann dies mit handelsüblichen Glasreinigern erledigen, selbst, wenn sie Lösungsmittel enthalten. In einem gut belüfteten Freilandterrarium sind diese meist so schnell verflogen, dass sie keine Gefahr für die Schlangen bedeuten. In Gewächshäusern spielt dieser Aspekt jedoch eine Rolle. Außerdem kann es notwendig sein, die Scheiben zuerst mit klarem Wasser zu spülen, damit kleine Steinchen die Oberfläche des Glases bei den Putzbewegungen nicht verkratzen. In öffentlichen Anlagen müssen Glasscheiben wesentlich öfter geputzt werden, je nach Besucherfrequenz bis zu täglich.

Ein gesondertes Kapitel ist die Pflege von kleineren und größeren Teichen im Freilandterrarium für Schlangen. Es gibt im Grunde keinen Unterschied zu einem „normalen" Gartenteich. Anfänglich werden sich aufgrund eines Überschusses an Nährstoffen unterschiedliche Algeninvasionen im Wasser bilden. Man kann sie abschöpfen, doch eigentlich hilft nur ein wenig Geduld. Wenn die Wasserpflanzen wachsen, verarbeiten sie die Nährstoffe und entziehen den Algen ihre Lebensgrundlage. Keinesfalls darf die „chemische Keule" zum Einsatz kommen. Sie würde nicht nur alles Leben im Wasser, sondern auch die trinkenden Schlangen schädigen (HENKEL & SCHMIDT 1998)! Im Herbst muss möglicherweise Falllaub mit einen Kescher entfernt werden, oder der Teich ist schon vorher mit einem Netz vor dem Eintrag von Falllaub zu schützen. In heißen Sommerwochen kann es notwendig werden, etwas Wasser im Teich nachzufüllen.

Ansonsten sind nur in größeren zeitlichen Abständen Kontrollen z. B. des Prädatorenschutzes, des Standes der Füllung im Überwinterungsquartier oder des Zustandes der Umrandung durchzuführen. An feuchten Stellen können sich an der Umrandung Moose bilden, wie oben schon erwähnt. Besonders bei Wellplastik kann das in den Biegungen des Materiales als Halt für ausbrechende Schlangen dienen. Es muss daher z. B. mit einer Bürste regelmäßig entfernt werden.

Besonderheiten von Gewächshäusern

Im Sommer werden die Glashäuser trotz aller Vorkehrungen dennoch sehr warm. Die Schlangen nutzen dann sehr gerne tief in den Boden eingegrabene Schächte, die ihnen als einziger Ort Kühlung verschaffen. Daher sind solche Plätze für die Schlangen lebensnotwendig! Während der Übergangszeiten im Herbst und Frühjahr bildet sich bereits bei diffuser Sonneneinstrahlung ein für die Tiere attraktiver Temperaturgradient zwischen Boden und Decke des Glashauses. Die Schlangen suchen darin gerne ihre jeweilige Vorzugstemperatur auf. Im Winter sind die Temperaturen im Gewächshaus oft nur 1–2 °C wärmer als die Außentemperaturen; als Minimalwerte wurden in einem handelsüblichen Gartentreibhaus -10 °C gemessen (R. SEEMANN, pers. Mittlg. 2001). Demnach muss auch im Glashaus unbedingt mit Frost gerechnet werden – vor allem nachts. Das Überwinterungsquartier ist folglich genauso zu gestalten wie in einem offenen Freilandterrarium. Messungen in 1 m Höhe über dem Boden ergaben in einem niederländischen Großgewächshaus, in dem über 40 kleinere „Freilandterrarien" untergebracht sind, Temperaturschwankungen innerhalb eines Jahres von +50 bis -14 °C (P. MANTEL, pers. Mittlg. 2001). Probleme können sich auch an sehr sonnigen Wintertagen dadurch ergeben, dass sich das Treibhaus dann rasch aufheizt und manche Tiere vorzeitig aus der Winterruhe lockt. An solchen Tagen muss bereits gut durchlüftet werden (HALLMEN 2001c).

Auch für Gewächshäuser aller Größen gilt, dass die zentralen Funktionen regelmäßig kontrolliert werden müssen. Alle Glaselemente sollte man hin und wieder auf Sprünge untersuchen, denn das Glas kann bei großer Hitze oder starkem Frost unter Spannung geraten. Die Mechanik der Fenster ist zu überprüfen. Schmieren und Fetten sind ebenso wichtig wie die Ausbesserung von Gazen vor den Fenstern als Schutz vor Fressfeinden. Manche Gewächshäuser veralgen von der feuchteren Seite her. Die nach Regen länger feucht bleibenden Dächer der Häuser können dadurch mit der Zeit grün werden. Das sieht unansehnlich aus, schluckt Licht und damit Energie für das

Glashaus. Regelmäßiges Reinigen schafft Abhilfe. Beschatten können auch Bäume und Sträucher, die im Laufe von Jahren am und über dem Gewächshaus wachsen. Ohne Rückschnitt wird die Anlage auf Dauer zu dunkel. Und das regelmäßige Gießen innerhalb bepflanzter Treibhäuser wurde ja bereits angesprochen (vgl. Kapitel 4.7). Das Herausfangen von Jungschlangen ist ähnlich schwierig wie in offenen Freilandterrarien, da es auch hier sehr viele Versteckmöglichkeiten gibt.

Möglichkeiten zur Beobachtung

Die Augenblicke vor einem Freilandterrarium für Schlangen sind nicht selten Momente der Ruhe und Muße. Man sollte es sich dabei unbedingt bequem machen. Ein bequemer Stuhl oder eine Liege sind die minimalste Voraussetzung dafür. Aber auch Beobachtungen en passant erweisen sich als gute Ergänzungen. Bei mir findet bei schönem Wetter das sonntägliche Familienfrühstück auf der Terrasse direkt neben unserem Freilandterrarium statt. Oft verweilt die Familie mit Blick auf die Tiere und ihr Treiben noch länger und vergisst darüber die Zeit. Im Winter kann ich meine Anlage von einem großen Wohnzimmerfenster aus jederzeit einsehen. So bekomme ich alle Aktivitäten (z. B. Sonnenbäder an warmen Januartagen) im natürlichen Rhythmus des Jahres unmittelbar mit, ohne immer gezielt zum Terrarium laufen zu müssen. Im ersten Jahr legte ich mir ein dickes Buch zu, in das ich eifrigst alle nur erdenklichen Beobachtungen schrieb. Ich maß täglich die Temperaturen an verschiedenen Stellen des Freilandterrariums und protokollierte, wie sich jede einzelne Art / Unterart verhielt. Das war mein Weg, mit der Anlage vertraut zu werden und sie auch im Detail kennen zu lernen. Im Laufe der Jahre wurden die Eintragungen immer spärlicher. Heute schreibe ich nur noch wenige einschneidende Ereignisse auf. Das Freilandterrarium ist für mich inzwischen ausschließlich Entspannung und Genuss. Das mag auch damit zusammenhängen, dass alltägliche Arbeiten wie Wasserwechsel und Reinigung des Bodengrundes hier wegfallen. Und je länger ich darüber nachdenke: Ja, es stimmt! Das Verhältnis von investierter Arbeit und persönlicher Befriedigung ist denkbar nah an seinem Optimum.

Freilandterrarien erlauben Fotografen fast naturidentische Bilder von Schlangen. Besonders im

Füttern verschiedener Strumpfbandnattern mit einem Stab. Foto: M. Hallmen

Ein Kindergarten zu Besuch an meinem Freilandterrarium Foto: M. Hallmen

Frühjahr und Herbst, wenn die Tiere die ersten bzw. letzten Sonnenstrahlen nutzen, können sie beim Sonnenbaden in ihrer typischen Haltung fotografiert werden. Auch Paarung, Eiablage oder Geburt wirken im Freilandterrarium fotografiert wie echte Freilandaufnahmen. Häutungen und Fressvorgänge ergänzen das fotografisch dokumentierbare biologische Repertoire an Verhaltensweisen. Da sich die meisten Schlangen an menschliche Besucher vor ihren Anlagen gewöhnen, kann man sich ihnen mit langsamen Bewegungen so nähern, dass man mit den Ergebnissen zufrieden sein wird. Porträtaufnahmen sind im Freilandterrarium jedoch nur in Ausnahmefällen möglich. Wer viel Geduld hat, der setzt sich in der Anlage auf einen Stuhl oder auf die Erde und wartet ab, welches Tier im Laufe der Zeit an ihm vorbeikommt. Durch gezieltes Anfüttern (z. B. unterhalb des Stuhles) kann die Ausbeute an brauchbaren Bildern erhöht werden.

Wirkung auf Außenstehende

Als „Außenstehende" würde ich bereits Familienangehörige und Lebensgefährten bezeichnen, die nichts weiter mit Schlangen oder Reptilien zu tun haben. Hier zeigt sich, dass die Akzeptanz eines Freilandterrariums oft höher ist als die von Zimmerterrarien. Die „natürliche" Freilandhaltung wird positiver bewertet als die vermeintlich „künstliche" Haltung der Tiere im Haus. Die positive Einstellung mag durch das Empfinden unterstützt werden, dass der Partner / Vater durch das Weniger an Aufwand Zeit spart, die den Angehörigen zugute kommt. Außerdem wird ein Freilandterrarium als ein Stück Natur angesehen, dass man sich gerne betrachtet. Für Kinder – besonders jüngere – sind Schlangen oft langweilig, weil sie nach ihren Worten „nur faul herumliegen". Das kann dazu führen, dass sie im Freilandterrarium durch Steine und Stöcke für „action" sorgen wollen. Man muss Kinder (die eigenen und ihre Besucher) daher an den sachgerechten Umgang mit der Anlage und den Schlangen erst gewöhnen (HEIDT 1983), was im Normalfall aber kein Problem darstellt.

Im privaten Rahmen spricht es sich in der Nachbarschaft schnell herum, wenn man stolzer Besitzer eines Freilandterrariums für Schlangen ist – insbesondere, wenn man durch drei Kinder quasi „in der Öffentlichkeit" steht. Allerlei Besucher werden sich in der Anfangszeit aus Neugier und Sensationslust einfinden. Das ist wichtig, denn sie alle werden feststellen, dass von der „Schlangengrube" keine Gefahr ausgeht. Sachliche Aufklärung lässt Gerüchten keinen Raum mehr. Man wird dabei bei vielen Bekannten auch auf ehrliches Interesse stoßen. Vielleicht werden sich auch manche Gruppen für ihr Freilandterrarium interessieren. In meinem Fall – als Lehrer und Vater dreier Kinder – sind es häufig Kindergärten und Schulen der Umgebung, die mich besuchen kommen. Wir machen daraus meist eine kleine Unterrichtsstunde zum Thema „Schlangen", in deren Verlauf ich mit Alkoholpräparaten, Skelettmodellen, Klappern von Klapperschlangen und abgestreiften Häuten in die Biologie der Schlangen einführe. Höhepunkt ist dann die „Fütterung der Raubtiere". Im Supermarkt unseres Ortes werde ich dann immer von Kindern mit der Frage enttarnt: „Sie waren doch der mit den Schlangen?"

Die Faszination von Freilandterrarien für Schlangen machen sich auch öffentliche Schauanlagen zunutze. Dabei stellen die meisten die Tiere nicht einfach nur zur Schau, sondern möchten Einblicke in deren Lebensraum und Lebensweise vermitteln. Die Resonanz in der Bevölkerung ist z. T. immens. So lockt z. B. das Freilandaquarium & Terrarium Stein bei Nürnberg an den Wochenenden von Mai bis September ausschließlich mit seinen Angeboten an einheimischen Reptilien, Amphibien und Fischen insgesamt rund 35.000 Besucher an. Der Reptilienzoo Happ (Klagenfurt, Österreich) darf sogar jährlich bis zu 190.000 zahlende Besucher begrüßen. Attraktive Freilandterrarien für Schlangen tragen einen erheblichen Teil zum Erfolg dieser und ähnlicher Anlagen bei.

Eine sehr lobens- und nachahmenswerte Form von Öffentlichkeitsarbeit wird mit dem Freilandterrarium für Würfelnattern (*N. tessellata*) am Hotel „Knorre" (Meißen) betrieben. Die Freianlage entstand im Rahmen des „Erprobungs- und Entwicklungsvorhabens ‚Würfelnatter' der DGHT im Auftrag und mit Förderung des Bundesamtes für Naturschutz und der Umweltministerien von Rheinland-Pfalz und Sachsen". Weil die Schlangen im Gelände meist nicht zu sehen sind, wurde hier für alle am Projekt und an den Tieren Interessierten ein Biotopterrarium erbaut, das die Schlangen in ihrem Lebensraum zeigt (SCHMIDT & LENZ 2001). Darüber hinaus wird die Anlage ganz im Sinne einer praktischen und erfahrbaren Naturerziehung von Kindern bzw. Jugendlichen einer nahe gelegenen Schule betreut. Ein Projekt mit Vorbildcharakter!

Zwischenfälle

Bei Treffen von Freilandterrarianern erfährt man Geschichten rund um das Hobby, die man manchmal nicht glauben mag. Natürlich führen auch hier die Storys von Ausbrüchen bis zu Attacken von Fressfeinden. Nach einem von ihm selbst unbemerkten Ausbruch eines seiner Tiere machte Helmut Kreyerhoff (2002a) schnell und unvermittelt Bekanntschaft mit dem Ordnungsamt und der Feuerwehr. Es bedurfte einiger Redekunst, das Gespräch auf eine sachliche Ebene zu bringen. Doch ab dann war der Betreiber der zukünftige Ansprechpartner für die Behörden in Schlangenfragen. In der Anlage von Aart van Wijk (2001) war eine durch das Freilandterrarium fließende

Abzweigung eines nahe gelegenen Kanals auch nach mehreren Versuchen nicht schlangendicht zu bekommen. Der Zufluss musste zugeschüttet werden, was zeigt, dass nicht unter allen Umständen alle Vorstellungen zu realisieren sind.

Aus dem Kapitel „Krankheiten und Unfälle" einige Beispiele: Bei einem Besuch bei Udo STRATHEMANN (2001a) machten wir die Entdeckung einer toten *Thamnophis sirtalis semifasciatus* im Wasserteil der Anlage, die sich so in eine Wasserpflanze verschlungen zu haben schien, als habe sie sich selbst darin erdrosselt. Hautkrankheiten treten oft nach längeren Schlechtwetterperioden auf (KREYERHOFF (2002a, b). Mit einem Schlechtwetterschutz in Form über die Abdeckung gelegter Folie waren die Probleme schnell gelöst. Ein Tier mit Vitamin-B_1-Mangel konnte ich leider nicht mehr rechtzeitig aus der Anlage fangen: Bis ich die Mangelsymptome erstmals gesehen und das Tier dann endlich aus der Anlage hatte, kam jede Therapie zu spät. Abgestorbene Schwanzspitzen sind bei Schlangen, die im Freilandterrarium gehalten werden, vergleichsweise selten. Ralf Kamp konnte nach einer Überwinterungsphase eine solche Beobachtung machen. Es war jedoch nicht eindeutig zu klären, ob die Schwanzspitze abgefroren oder ihre Verkrüppelung das Resultat von Häutungsproblemen war.

Merkwürdig in Pflanzen verschlungener Totfund von *Thamnophis sirtalis semifasciatus* im Teich eines Freilandterrariums
Foto: M. Hallmen

5. Geeignete Schlangenarten

Grundsätzliche Überlegungen

Berichte zur Haltung und Zucht von Schlangen in Freilandterrarien werden sehr selten veröffentlicht. Eines der bislang wenigen Standardwerke der Freilandterraristik von HENKEL & SCHMIDT (1998) nennt wohl zahlreiche für die Freilandhaltung geeignete Arten, belässt es dann jedoch bei allgemeinen Hinweisen zu Aussehen, Verbreitung, Lebensraum und Biologie. Konkrete Erfahrungen bei der Haltung muss man sich aus den wenigen Publikationen zusammensuchen und – vor allem – im Gespräch mit Freilandterrarianern gewinnen. Ich halte an dieser Stelle bewusst die allgemeinbiologischen Aspekte der aufgeführten Schlangengattungen und -arten kurz. Sie können in der zu den jeweiligen Gattungen angegebenen Literatur nachgelesen werden. Vielmehr möchte ich verstärkt die mir bekannten konkreten Erfahrungen bei der Freilandhaltung für einzelne Arten und Gattungen zusammenfassend darstellen. Leider ist das nur ein Ausschnitt des gesammelten Wissens aller Freilandterrarianer, aber als erste Grundlage und als Initialzündung zum Thema hoffentlich dennoch tauglich.

Von ihren Ansprüchen her sind grundsätzlich auch zahlreiche Giftschlangen für eine Freilandhaltung geeignet. Die Faktoren, die zum Entkommen von Schlangen aus Freilandterrarien führen können, sind aus meiner Sicht jedoch in den meisten Fällen so mannigfaltig, unkalkulierbar (SCHMIDT 2002), ja z. T. sogar nicht beeinflussbar (z. B. Sturmschäden), sodass sich für mich die Haltung von Giftschlangen im Freiland grundsätzlich verbietet, wie schon mehrfach betont. Verantwortung und Risiko, die man gegenüber sich, seinen Mitbewohnern und seinen Nachbarn eingehen würde, wären zu hoch. Lediglich zwei Ausnahmen scheinen mir gerechtfertigt: Die Haltung von Giftschlangen in öffentlichen Anlagen aus Gründen der Naturerziehung der Allgemeinheit (vgl. Kap. Rechtliche Bedingungen) und die kontrollierte Haltung im Rahmen von Zuchtprogrammen seltener Arten mit dem Ziel der Auswilderung im Freiland. In beiden Fällen müssen eine fachkundige Betreuung und eine behördliche Kontrolle sichergestellt sein. Die Einhaltung aller gesetzlichen Bestimmungen versteht sich von selbst. Für die genannten Ausnahmen habe ich zur Freilandhaltung einiger Giftschlangenarten die mir bekannten Erfahrungswerte angeführt, um das Thema abzurunden und auch den Betreibern solcher Anlagen einige Informationen geben zu können. Sie sind ausdrücklich nicht für den Privatmann gedacht!

Unabhängig von der Giftschlangenhaltung bestehen auch für viele weitere Arten zahlreiche gesetzliche Bestimmungen. An deren unbedingte Einhaltung sei an dieser Stelle nur nochmals erinnert. Näheres wurde bereits zuvor ausgeführt. Was für die Schlangen gilt, gilt auch für weitere Reptilien oder Amphibien, mit denen man sie eventuell vergesellschaften will (zur Problematik der Vergesellschaftung vgl. Kap. Vergesellschaftung). So existieren für den Besitz von Echsen, Schildkröten und Amphibien einige allgemeine oder spezielle Rahmenbedingungen des Gesetzgebers, über die man sich unbedingt informieren sollte.

Für die Entscheidung, welche Schlangenarten für die Haltung in einem Freilandterrarium geeignet sind, ist es von entscheidender Bedeutung, ob man die Tiere ganzjährig im Freien halten möchte oder die Anlage nur als Sommerterrarium nutzen will. Für die ganzjährige Haltung kommen nur „winterharte" Arten in Frage, also solche, die auch im Freilandterrarium überwintern können. Durch entsprechende wärmedämmende Maßnahmen (siehe oben) können auch z. B. manche mediterrane Arten im Freien überwintert werden. Wärmeliebendere Schlangen müssen jedoch im Herbst aus der Anlage gefangen, in separaten frostfreien Räumen oder im warmen Zimmerterrarium überwintert und im Frühjahr wieder in das Freilandterrarium gesetzt werden. Auf diese Weise lässt sich die Freianlage für sehr viele Schlangenarten nutzen. Unter Einbeziehung von Gewächshäusern und künstlichen Heizquellen erweitert sich die Palette zusätzlich. Um den Kreis der Schlangenarten für den Umfang dieses Buches einzuschränken, werde ich im Folgenden nur auf solche eingehen, die mit geringem Zusatzaufwand ganzjährig im Freilandterrarium gehalten werden können.

Grundsätzlich kommen hierfür alle Arten in Frage, die aus Klimazonen stammen, die dem mitteleuropäischen bis nördlichen Mittelmeerklima entsprechen. Viele europäische und nordamerikanische Schlangenarten sind dafür prädestiniert. Aber auch nord- und zentralasiatische Arten bieten sich an, wenn sich in der Praxis deren Beschaffung auch oft als Problem erweist. Vertreter der Schlangenfauna von Gebirgsregionen mit vergleichbarem Klima kommen ebenfalls in Betracht. In jedem Fall muss bei den Tieren für die Überwinterung ein ausreichendes genetisch fixiertes Verhaltensprogramm vorhanden sein. Dessen kann man sich nur sicher sein, wenn man die Herkunft der jeweiligen Tiere kennt. Denn von Arten, die ein großes und sich über mehrere Klimazonen erstreckendes Verbreitungsgebiet bewohnen, kommen nur Exemplare in Frage, die aus den passenden nördlicheren Regionen bzw. Höhenlagen stammen. Es empfiehlt sich, bei Wildfängen immer nach der Herkunft der Tiere und bei Nachzuchten nach der Herkunft der Elterntiere zu fragen.

Über die Beschaffung von Schlangen kann in Hallmen & Chlebowy (2001) ausführlich nachgelesen werden. Als Bezugsquellen kommen private Züchter, Züchtervereinigungen (z. B. die European Garter Snake Association = EGSA), Börsen, das DGHT-Anzeigenjournal, Kleinanzeigen im Terraristik-Fachmagazin REPTILIA oder auch der Fachhandel in Frage. In jedem Fall sollte man nach Möglichkeit nur Nachzuchten erwerben. Das Angebot ist inzwischen reichhaltig, wenn auch nicht zu jedem Zeitpunkt jede gewünschte Art erhältlich sein wird. Wildfänge schaden der Natur und sind oft mit Krankheiten oder Parasiten belastet. Generell rate ich vor dem Einsetzen eines neuen Tieres in das Freilandterrarium zu einer mindestens sechswöchigen Quarantäne in einem dafür hergerichteten Zimmerterrarium, wie schon erwähnt. Krankheiten lassen sich im Freilandterrarium nur äußerst schlecht, manchmal gar nicht behandeln.

Gattung *Thamnophis*

Gattung/Arten

Innerhalb der Gattung *Thamnophis* (Strumpfbandnattern) sind 31 Arten beschrieben. Die bekannteste Art ist die Gewöhnliche Strumpfbandnatter (*T. sirtalis*) mit 12 Unterarten.

Größe/Aussehen

In der Regel werden Strumpfbandnattern 60–100 cm lang und sind von schlanker Gestalt. Die Färbung der einzelnen, oft sehr attraktiven Arten/Unterarten ist sehr vielfältig.

Verbreitung

Ihre Verbreitung reicht vom südlichen Kanada bis nach Mittelamerika, mit Schwerpunkt in den USA.

Lebensraum

Die Gattung *Thamnophis* besiedelt sehr unterschiedliche Lebensräume. Zahlreiche Arten sind aufgrund ihres Beutespektrums mehr oder weniger stark an Gewässer der unterschiedlichsten Art gebunden. Sie sind von der Küste bis in die höheren Lagen der Gebirge zu finden. Einige

***Thamnophis sirtalis sirtalis* „flame“ (Körper oben) und „speckled flame“ (Kopf und Körper unten)**
Foto: M. Hallmen

Arten begleiten den Menschen als Kulturfolger bis in die Siedlungsbereiche.

Lebensweise

Als eine der am besten erforschten Schlangengattungen überhaupt ist über die mannigfaltige Biologie der Tiere viel bekannt. Zahlreiche Arten überwintern über mehrere Monate. Im Frühsommer werden je nach Art zwischen 5–80 lebende Junge geboren (Ovoviviparie). *T. sirtalis parietalis* ist für seine Wanderungen und für die Überwinterungen in Massenquartieren bekannt.

Von den Strumpfbandnattern Nordamerikas (Gattung: *Thamnophis*) sind zahlreiche Vertreter für eine ganzjährige Haltung im Freiland geeignet. Es liegen auch für keine Schlangengattung mehr Berichte zur Freilandhaltung vor. Für die Nordwestliche Strumpfbandnatter (*T. ordinoides*) sowie Butlers Strumpfbandnatter (*T. butleri*) scheint die ganzjährige Freilandhaltung nicht nur möglich, sondern fast schon notwendig z. B. für eine erfolgreiche Nachzucht. In Zimmerterrarien vermehren sich diese Arten nur, wenn sie zuvor eine lange und kühle Überwinterungsphase hatten. Zwei von mir gehaltene Exemplare von *T. ordinoides* zeigten im Zimmerterrarium – obschon in einem vergleichsweise kühlen Keller gehalten – ein „Unwohlsein“, das sich z. B. in längeren Fresspausen ohne ersichtlichen Grund äußerte. Seit sie in meiner Freianlage waren, blühten die Tiere regelrecht auf. Sie waren regelmäßig aktiv und fraßen bei jeder Fütterung konstante Mengen. Das deckt sich mit der Meinung von Jürgen CHLEBOWY, dass diese Art im Freilandterrarium besser zu pflegen sei als im Zimmer. Für *T. butleri* gilt Ähnliches. Mitte der 80er-Jahre des letzten Jahrhunderts war die Art vergleichsweise häufig in europäischen Terrarien anzutreffen, wurde jedoch nur selten nachgezüchtet. STRATHEMANN (1986) hielt sie im Freilandterrarium und machte beste Erfahrungen mit Haltung und Nachzucht der Tiere. Leider sind beide Arten derzeit in Europa fast nicht mehr zu bekommen.

Die Gewöhnliche Strumpfbandnatter (*Thamnophis sirtalis*) verfügt über ein weites Verbreitungsgebiet, das auch nördliche Regionen mit einschließt. Einige Unterarten sind für die Freilandterraristik sehr attraktiv. Die Unterart *T. s. parietalis* ist nicht nur eine der häufigsten „Terrarien-

***Thamnophis elegans terrestris* „red morph“ (links Weibchen, rechts Männchen)** Foto: M. Hallmen

Melanistisches Exemplar von *Thamnophis sirtalis sirtalis* Foto: M. Hallmen

schlangen", sondern auch eine der am besten geeignetsten für das Freilandterrarium. Sie vermehrt sich regelmäßig (STRATHEMANN 1995b, KREYERHOFF 2002a, b, HALLMEN 2002a) und übersteht auch strengste Winter in ausreichend tiefen Überwinterungsquartieren. Diese Form erweist sich im Freiland als ebenso robust wie im Zimmerterrarium. *T. s. sirtalis* – auch ihre schwarze (melanistische) Farbform – stehen dem in nichts nach. Besonders die melanistischen Tiere zeigen sich häufiger und länger beim Sonnenbaden als die meisten anderen Strumpfbandnattern im Freilandterrarium. Auch *T. s. semifasciatus* fällt in die Kategorie der uneingeschränkt freilandtauglichen Strumpfbandnattern. Er pflanzt sich ebenfalls regelmäßig fort (STRATHEMANN 1995c, BOL 1997, HALLMEN 2002a). Die blaue Farbform der Gewöhnlichen Strumpfbandnatter (*T. s. sirtalis* „Florida blue") wurde aufgrund ihrer Attraktivität auch bereits mehrfach in Freilandterrarien gehalten. Der Versuch des Überwinterns ist jedoch in allen Fällen gescheitert – so auch bei mir. Selbst im unbeheizten Gewächshaus hat diese Farbform im Winter kaum Überlebenschancen (HALLMEN 2001e). Eigentlich wären auch die Unterarten *T. s. concinnus* (zumindest aus Oregon oder Washington State stammend) und *T. s. pickeringii* sowie die äußerst attraktiven *sirtalis*-„flame-Varianten" aus Kanada potenziell für die ganzjährige Freilandhaltung gut geeignet. Die Unterarten sind in Europa jedoch so selten und damit auch teuer, dass bislang noch niemand einen Versuch in diese Richtung unternommen hat. Es liegen auch zahlreiche Berichte über Bastardisierungen von *T.-sirtalis*-Unterarten in Freilandanlagen vor (STRATHEMANN 1995b, BOL 1997b), was man natürlich vermeiden und darum keine Unterarten gemeinsam pflegen sollte. Die Unterarten der Gewöhnlichen Strumpfbandnatter sind dafür bekannt, dass sie ihre Scheu im Freilandterrarium schnell ablegen und vergleichsweise zutraulich werden. Alle zeigen sich meist bereits an warmen Januar- und Februartagen. In besonderem Maße gilt dies für die melanistische Form von *T. s. sirtalis*, die jeden Sonnenstrahl um diese Jahreszeit zu nutzen sucht. Die Geburten erfolgen im Freilandterrarium stets im Spätsommer bis Herbst. Die Wurfgrößen sind nicht leicht zu bestimmen, denn bislang liegt noch kein direkter Beobachtungsbericht vor.

Die Prärie-Strumpfbandnatter (*T. radix*) ist ebenfalls ein oft gesehener Gast in Freilandterrarien für Schlangen. Über sechs Jahre kontinuierlicher Überwinterung belegen ihre Tauglichkeit für das Freiland (U. STRATHEMANN, pers. Mittlg. 2002). Doch trotz der guten Erfahrungen, die ich bei dieser Schlange mit vielen Kollegen teile, treten hin und wieder auch Probleme auf. So kam es z. B. bei mir vor, dass ein Tier nach der Über-

Thamnophis ordinoides Foto: M. Hallmen

winterung nicht wieder auftauchte. Ähnliche – wenn auch seltene Berichte – weisen darauf hin, dass es bei *T. radix* bereits merklich darauf ankommt, woher die Tiere stammen. Mit Exemplaren aus südlicheren Bereichen ihres Verbreitungsgebietes kann es bei der Überwinterung zu Ausfällen kommen. Gleiches gilt für die Westliche Bändernatter (*T. proximus*). Von zwei Exemplaren starb bei mir eines bereits im ersten Winter, das andere dagegen hat nun schon den vierten Winter überstanden. Beides waren Wildfänge, von denen ich die Herkunft nicht in Erfahrung bringen konnte. Gerd VOGELMANN machte im nördlichen Schwarzwald keine guten Erfahrungen mit *T. proximus*. Doch wer sicher Tiere aus nördlicheren Gebieten bekommen kann, der dürfte bei der Haltung im Freilandterrarium kein allzu großes Risiko eingehen.

Heftig diskutiert wird die Eignung der Karierten Strumpfbandnatter (*T. marcianus*). Bei mir (HALLMEN 2000c, 2001c) geht die Überwinterung wie bei Gerd VOGELMANN seit Jahren gut, und MUTSCHMANN (1995) empfiehlt die Art ausdrücklich als für die Freilandhaltung geeignet. STRATHEMANN hingegen (1995b, 2001c) rät aufgrund von Ausfällen ab. Manche Freilandterrarianer überwintern ihn daher nicht in der Anlage (KREYERHOFF 2002c). Meiner Einschätzung nach dürfte *T. marcianus* mit seinen Möglichkeiten, im Freilandterrarium ganzjährig zu überstehen, im Grenzbereich liegen. Bei dieser Art kommt es sehr darauf an, Exemplare aus höheren Lagen zu erhalten. Meine Beobachtungen weisen *T. marcianus* im Freilandterrarium als eine sehr scheu und versteckt lebende Art aus. Für eine Strumpfbandnatter ist sie selten zu sehen. Auch beim Fressen findet sie sich mit als Letzte ein.

Eine Strumpfbandnatter, die grundsätzlich gut im Freilandterrarium zu halten sein müsste, über die mir aber noch keine Erfahrungsberichte vorliegen, ist die Wandernde Strumpfbandnatter (*T. elegans*) mit den beiden Unterarten *T. e. vagrans* und *T. e. terrestris*. Erste Erfahrungswerte werden jedoch bald verfügbar sein (K. ZÖLLNER, pers. Mittlg. 2002).

Weitere Informationen in: MEHRTENS (1993), MUTSCHMANN (1995), ROSSMAN et al. (1996), MATTISON (1999), TENNANT & BARTLETT (2000), BARTLETT & TENNANT (2000), HALLMEN & CHLEBOWY (2001).

Gattung *Natrix*

Gattung/Arten

Die Europäischen Wassernattern der Gattung *Natrix* umfassen vier Arten. Am bekanntesten und am weitesten verbreitet ist die Ringelnatter (*N. natrix*).

Größe/Aussehen

Die Tiere werden meist zwischen 50 und 120 cm groß. Sie sind von schlanker Gestalt. Auch wenn einige eine sehr attraktive Musterung besitzen, so zählen sie doch eher zu den weniger farbenfrohen Schlangen.

Verbreitung

Die Gattung *Natrix* ist über Mittel- und Südeuropa, Westasien und Nordafrika verbreitet.

Lebensraum

Alle Arten sind häufig in der Nähe von Wasser oder feuchten Stellen zu finden, wobei der Grad der aquatilen Lebensweise durchaus unterschiedlich ausgebildet sein kann.

Lebensweise

Die Europäischen Wassernattern ernähren sich hauptsächlich von Amphibien und Fischen. Manchmal fressen sie auch Kleinsäuger und Vögel. Alle Arten legen Eier.

Auch Schlangen der Gattung *Natrix* werden gerne in Freilandterrarien gehalten. Ein Grund dafür mag sein, dass mit der Ringelnatter (*N. natrix*) und der Würfelnatter (*N. tessellata*) zwei Arten in Deutschland heimisch sind. Nicht, dass die Beschaffung als Wildfänge in der Natur so leicht wäre. Sie ist auch zu Recht gänzlich verboten! Es handelt sich ausschließlich um Nachzuchten, die jedes Jahr reichlich und preiswert von Terrarianern angeboten werden. Vielmehr hat es seinen besonderen Reiz, ein Tier der heimischen Reptilienfauna in naturnahem Umfeld aus nächster Nähe beobachten zu können. Auch ich wollte unbedingt mehr über diese Schlangen meiner

Natrix natrix Foto: U. Strathemann

Heimat wissen und habe mein Freilandterrarium mit diesen Arten ergänzt.

Die Ringelnatter (*N. natrix*) ist als unsere häufigste Schlangenart prädestiniert für die Haltung in Freilandterrarien. Noch dazu gibt es attraktive Zeichnungsvarianten wie z. B. die Barrenringelnatter (*N. n. helvetica*) oder die Streifenringelnatter (*N. n. persa*), die ebenfalls gut für die Freilandhaltung geeignet sind (HEIDT 1983). Auch melanistische Exemplare sind bekannt. Die Höhe der Umrandung sollte aufgrund der Maximalgröße adulter Weibchen von 180–200 cm mindestens 90–100 cm betragen. Zur Eiablage benötigen sie ebenso wie *N. tessellata* und *N. maura* (Vipernnatter) feuchte und lockere Substrate wie z. B. vermoderndes Holz oder Stroh. Man kann ihnen auch eine durch eine Wärmelampe beheizte Legestelle vorgeben. Eine Variante ist ein mit einer Heizschleife erwärmter lockerer Bodengrund, über dem eine Glasplatte zusätzlich für Wärme sorgt (A. WIJK, pers. Mittlg. 2001). Die Gelege sind, wie schon erwähnt, in größeren Anlagen nicht immer zu finden. Die meisten Terrarianer inkubieren Eier von *Natrix*-Arten künstlich. Nur in Ausnahmefällen gelingt es durch entsprechende technische Vorkehrungen, die Eier in der Anlage selbst ausbrüten zu lassen.

Natrix tessellata Foto: M. Hallmen

Die Überwinterung ist für *N. natrix* und *N. tessellata* in der Regel kein Problem. Lediglich für *N. maura* können zusätzliche Maßnahmen wie Abdeckungen mit Stegplatten, Folien oder Stroh notwendig werden. Nach meinen Beobachtungen zeigen sich *Natrix*-Arten auch während wärmerer Tage im Januar und Februar nicht. Sie scheinen ihre Winterpause nicht zu unterbrechen (im Vergleich z. B. zu *Thamnophis*). Bei mir sind sie von Herbst bis Frühjahr durchgängig verschwunden. Sie erscheinen meist erst Ende März/Anfang April, sind ab dann aber regelmäßig zu sehen. Auch für die ganzjährige Haltung im Freilandgewächshaus sind sie gut geeignet.

Die drei genannten *Natrix*-Arten sind allesamt sehr gute Fischjäger, wobei sich *N. tessellata* als Beste unter den Guten erweist. Daher ist es sinnvoll, ihnen in einer Schüssel oder im Teich der Anlage lebende Fische passender Größe anzubieten. Die Schlangen gehen bei mir und einigen

Natrix maura Foto: M. Hallmen

anderen Freilandterrarianern jedoch auch an tote Fische, die in einer Schale gereicht werden. Allerdings tun sie das nach meinen Erfahrungen nur, wenn sie bereits zuvor im Zimmerterrarium (z. B. während der Aufzucht) an tote Futtertiere gewöhnt wurden. Bei der Gewöhnung an Totfutter habe ich bei den genannten Arten regelmäßig meine Probleme. Bei andern Haltern und Züchtern klappt dies reibungsloser. Bei der Fütterung erscheint bei mir von allen *Natrix*-Arten *N. natrix* stets zuerst, wohingegen *N. tessellata* zu den letzten Arten gehört, die ans Futter kommt. Generell geht *Natrix* jedoch meist erst nach *Thamnophis* ans Futter. Daher bemesse ich die Futtermenge stets so, dass über die Sättigung der Strumpfbandnattern hinaus noch Futter übrig bleibt, an dem sich dann meine *Natrix* bedienen können. Zuweilen geschieht das erst über Nacht.

Nach HEIDT (1983) ist *N. natrix* schwer zu vergesellschaften. Nach meinen Erfahrungen und denen vieler anderer Betreiber von Freilandterrarien trifft das zumindest bezogen auf andere Schlangenarten nicht zu. Ringelnattern lassen sich ebenso wie Würfel- und Vipernnattern sowohl untereinander als auch mit anderen Schlangengattungen ohne größere Probleme vergesellschaften. Obwohl die *Natrix*-Arten bei mir eher zu den scheueren Arten gehören, liegen auch gegenteilige Berichte vor. So können sie auch regelrecht „zahm“ werden (G. HALLMANN, pers. Mittlg. 2002), fressen gierig und gezielt von der Pinzette und erlernen dabei sogar den Ort des regelmäßigen Futterangebotes.

In jüngster Zeit werden vermehrt Ringelnattern aus dem Kaukasus angeboten. Die Tiere fallen durch schöne orangefarbene Halbmonde im Nackenbereich auf. Es sei jedoch darauf hingewiesen, dass man mit den Kauf solcher Tiere zur Plünderung einer noch einigermaßen natürlichen Region beiträgt. Man sollte besser unbedingt auf die Angebote heimischer Nachzuchten zurückgreifen.

Weitere Informationen in: GRUBER (1989), GRUSCHWITZ et al. (1993), MEHRTENS (1993), HUTTER (1994), SCHMIDT (1996), MATTISON (1999).

Nerodia sipedon sipedon Foto: U. Strathemann

Gattung *Nerodia*

Gattung/Arten

Die nicht ganz so bekannte Gattung der Amerikanischen Schwimmnattern (*Nerodia*) besteht aus ca. sieben Arten.

Größe/Aussehen

Die Tiere erreichen Längen von 50–120 cm. Ihre Gestalt ist deutlich stämmiger als die der Strumpfbandnattern und Europäischen Wassernattern. Die Färbung und Musterung ist bei den Jungtieren mancher Arten recht attraktiv. Mit zunehmendem Alter werden die meisten Arten jedoch eher unscheinbar.

Verbreitung

Die Gattung *Nerodia* ist im südöstlichen Nordamerika, in Niederkalifornien und in Mexiko verbreitet.

Lebensraum

Die meisten Arten leben semiaquatisch bis aquatisch. Typische Lebensräume sind Sümpfe, Seen oder Küstengebiete.

Lebensweise

Diese Schlangen ernähren sich überwiegend von Amphibien und Fischen. Sie sind lebendgebärend (ovovivipar). Manche Arten bringen bis zu 100 Junge zur Welt. Bei einigen Unterarten ist noch nicht klar, ob sie als eigene Arten abzugrenzen sind.

Die Amerikanischen Schwimmnattern (Gattung: *Nerodia*) sind in Freilandterrarien für Schlangen weitaus seltener anzutreffen als *Natrix*- oder *Thamnophis*-Arten und entsprechend liegen weniger Informationen zu ihrer Pflege vor.

Am meisten ist noch über die Siegelringnatter (*Nerodia sipedon sipedon*) bekannt. Ihre Verbreitung bis ins südliche Kanada lässt schon erahnen, dass ihre Haltung im Freilandterrarium keine größeren Probleme bereitet. STRATHEMANN (1995b) berichtet, dass *N. s. sipedon* deutlich aquatiler als z. B. die meisten *Thamnophis*-Arten lebt. Und in der Tat ist sie meist am Ufer oder im Wasser des Teiches der Anlage anzutreffen. Die Art jagt gezielt und mit Erfolg im Teich angebotene Fische; sie geht aber auch an tote Fische und Fischstreifen. In seltenen Fällen frisst sie auch Regenwürmer (STRATHEMANN 1995b). Die beobachteten Wildfänge blieben im Freilandterrarium auch über Jahre hinweg stets scheu. Bei Flucht stürzten sie sich in der Regel immer ins Wasser. Einige Tiere konnten mit Erfolg über elf Jahre in der Freianlage gehalten werden. Zuchtberichte liegen bislang noch nicht vor (was bei Udo STRATHEMANN bislang vor allem an der ungünstigen Verteilung der gehaltenen Geschlechter liegen mag). Andere Erfahrungen mit *N. s. sipedon* bei der Freilandhaltung sind nicht so positiv. So berichtet Steven BOL, dass ihm ein Männchen im Freilandterrarium bereits im ersten Winter eingegangen sei. Er schließt aus seinen Erfahrungen, dass die Siegelringnatter warme, nach Süden ausgerichtete Freilandterrarien mit sehr viel direkter Sonneneinstrahlung benötigt.

Zwei weitere *Nerodia*-Arten scheinen ebenfalls noch für die Freilandhaltung geeignet – wenngleich deren Verbreitungsgebiete schon etwas südlicher liegen: die Gebänderte Wassernatter (*N. fasciata*) und die Diamantwassernatter (*N. rhombifera*). *N. fasciata* wird seit vielen Jahren im Gewächshaus gehalten (R. SEEMANN, pers. Mittlg. 2001). Die Überwinterung geht jedoch nicht immer gut. Besonders, wenn frühe Sonnenstrahlen die Tiere bereits im Februar oder März aus den Überwinterungsquartieren locken, sind sie durch die nächsten Fröste bedroht. Sie müssen dann aus der Anlage gefangen und separat im Keller oder ähnlichen Räumen frostsicher überwintert werden. Ansonsten sind Haltung und Fütterung im Freilandgewächshaus unproblematisch. Mit *N. rhombifera* werden derzeit Erfahrungen gesammelt (K. ZÖLLNER, pers. Mittlg. 2002), die zu gegebener Zeit veröffentlicht werden.

Die Ergebnisse weisen insgesamt darauf hin, dass auch einige *Nerodia*-Arten sehr gut für die ganzjährige Haltung in Freilandterrarien geeignet sind. Sie lassen sich ebenfalls gut mit anderen Schlangengattungen vergesellschaften. Leider sind sie in Europa nicht so häufig zu bekommen.

Weitere Informationen in: MEHRTENS (1993), SCHMIDT (1996), MATTISON (1999), TENNANT & BARTLETT (2000), BARTLETT & TENNANT (2000).

Gattung *Elaphe*

Gattung/Arten

Die Gattung der Kletternattern (Gattung: *Elpahe*) ist mit ca. 40 Arten vergleichsweise artenreich. Die bekannteste Art unter Terrarianern ist die Kornnatter (*E. guttata*). In Deutschland kommt nur die Äskulapnatter (*E. longissima*) vor.

Größe/Aussehen

Die Größe der Arten schwankt normalerweise zwischen 45 und 200 cm. Unter den Kletternattern befinden sich einige sehr attraktiv gefärbte Vertreter.

Verbreitung

Die Gattung *Elaphe* ist über Nord- und Mittelamerika, Europa und Asien verbreitet.

Lebensraum

Die Tiere besiedeln ein breites Spektrum an Lebensräumen. Die von ihr besiedelten Biotope reichen von Wäldern wie Regenwäldern über Sümpfe, Steppen und Wüsten bis hin zu Gebirgsregionen.

Lebensweise

Kletternattern sind meist Jäger von Kleinsäugern und Vögeln. Zuweilen verspeisen einige von ihnen auch Amphibien und Echsen. Die Gattung *Elaphe* ist fast ausnahmslos eierlegend.

Elaphe guttata Foto: M. Hallmen

Unter den Kletternattern der Gattung *Elaphe* gibt es eine Reihe interessanter, attraktiver und dankbarer Zöglinge für Freilandterrarien. So liegen z. B. mit der heimischen Äskulapnatter (*Elaphe longissima*) vielseitige und gute Erfahrungen vor (König 1985, Henkel & Schmidt 1998). Sie ist sehr wärmeliebend und sollte daher in stark sonnenexponierten Freilandterrarien gehalten werden. Im Frühjahr und Herbst können zusätzliche Wärmequellen notwendig werden. An kühleren Tagen sind die Schlangen ansonsten praktisch nie zu sehen. Eine feuchte Stelle im Terrarium wissen die Tiere zu schätzen. Nach Gomille (2002) handelt es sich bei der Äskulapnatter eher um eine Waldart. Dem sollte die Inneneinrichtung des Freilandterrariums in Form von zahlreichen Kletterästen nachkommen. Dabei ist jedoch darauf zu achten, dass diese nicht zu nahe an die Abdeckung heranreichen, falls diese nicht schlangendicht angelegt ist. Die Umrandungen sind aufgrund der Körperlänge von bis zu 2 m mindestens 120 bis 150 cm hoch auszuführen. *E. longissima* zeigt sich im Freilandterrarien als sehr scheue und versteckt lebende Art. Auch Bruterfolge in Freilandterrarien sind bekannt. Die Nester sind in der Regel jedoch sehr schwer zu finden. Eingewöhnte Tiere lassen sich zuweilen von der Pinzette mit frisch abgetöteten Mäusen füttern.

Die Kornnatter (*Elaphe guttata*) als eine der am häufigsten in Terrarien gehaltenen Schlangenarten bietet sich aufgrund ihrer Verbreitung in Nordamerika ebenfalls für die Haltung im Freiland an. Dennoch wird sie selten für diesen Zweck empfohlen (Henkel & Schmidt 1998) und noch seltener im Freiland gehalten. Zumindest für die Sommerhaltung liegen gute Erfahrungen vor. Dabei zeigt sich die Art als ähnlich problemlos und robust wie in Zimmerterrarien. Die Veröffentlichung weiterer Erfahrungswerte mit der Haltung von Kornnattern in Freilandterrarien wäre unbedingt wünschenswert. Gleiches gilt für die Erdnatter (*Elaphe obsoleta*), für die mir nur Berichte für die ganzjährige Haltung im Gewächshaus bekannt sind.

Viele weitere *Elaphe*-Arten z. B. aus dem mediterranen oder auch dem asiatischen Bereich können problemlos im Freilandterrarium gehalten und sogar überwintert werden. Für einige gilt dabei, dass sie sich sehr scheu verhalten und nur selten zu sehen sind. Das ist z. B. für die sehr hübsche Leopardnatter (*Elaphe situla*) der Fall, deren Wohlbefinden und Existenz sich oft genug nur an verschwundenen Futtertieren erkennen lässt. Exemplare von der Insel Milos im Mittelmeer oder aus Bulgarien wurden selbst ohne unterirdische Gelegenheiten zur Überwinterung bereits mehrfach erfolgreich in Freilandterrarien über die kalte Jahrezeit gebracht (R. Seemann, pers. Mit. 2002). Henkel & Schmidt (1998) empfehlen die Vierstreifennatter (*Elaphe quatuorlineata*) und die

Elaphe longissima (Jungtier) Foto: M. Hallmen

Treppennatter (*Elaphe scalaris*) zur Haltung in Freilandterrarien. Mir liegen bislang jedoch keine Erfahrungsberichte zu diesen Arten vor. Die Haltung der Europäischen Eidechsennatter (*Malpolon monspessulanus*) im Freiland ist im Alpenzoo Innsbruck (Österreich) für das Jahr 2003 geplant.

Etwas „exotischer" – zumindest für unsere Gefilde – muten Arten wie die Dione-Natter (*Elaphe dione*) in Freilandterrarien an. Wie bei vielen der asiatischen Arten kommt es auch bei dieser Art mit ihrem großen Verbreitungsgebiet von Bulgarien bis Ostasien auf die Herkunft der Tiere an. Exemplare von nördlichen Populationen oder Schlangen aus Gebirgslagen sind bei uns jedoch meist gut zu halten. Dione-Nattern aus der Ukraine und aus Südkorea zeigen sich sehr ruhig und wenig scheu und wurden bereits mehrfach erfolgreich im Freiland überwintert. Ebenfalls robust, aber etwas scheuer gibt sich die Japanische Inselnatter (*Elaphe climacophora*). Die Zweistreifennatter (*Elaphe bimaculata*) aus Nordchina ist im Freilandterrarium ähnlich wie die Leopardnatter fast nie zu sehen. Vollkommen gegensätzlich sind die Erfahrungen mit der Amurnatter (*Elaphe schrenckii*) und der Fuchsnatter (*Elaphe vulpina*). Beide fressen tote Mäuse aus der Hand (Fütterung nur mit Handschuh, versteht sich!) (R. SEEMANN, pers. Mittlg. 2002). Die Fuchsnatter wird sogar regelrecht zahm. Auch von der außergewöhnlich attraktiv gezeichneten Mandarinnatter (*Elaphe mandarina*) ließen sich Exemplare geeigneter Herkunft sicherlich gut ganzjährig im Freilandterrarium halten. Manch einem Terrarianer mögen diese u. ä. Arten vielleicht zu „edel" für Freianlagen erscheinen. Es kann jedoch als sicher gelten, dass für zahlreiche Exemplare die kühleren Bedingungen eines Freilandterrariums natürlicher und gesünder sind als die oft viel zu warme Unterbringung in Zimmerterrarien.

Weitere Informationen in: GRUBER (1989), STASZKO & WALLS (1991), GRUSCHWITZ et al. (1993), MEHRTENS (1993), HUTTER (1994), SCHULZ (1996), MATTISON (1999), TENNANT & BARTLETT (2000), BARTLETT & TENNANT (2000), GOMILLE (2002).

Melanistische *Vipera berus* Foto: M. Hallmen

Gattung *Vipera*

Gattung/Arten

Innerhalb der Echten Vipern/Ottern (Gattung: *Vipera*) werden ca. 23 Arten abgegrenzt. Die bekannteste Art ist die Kreuzotter (*V. berus*).

Größe/Aussehen

Die meisten Tiere erreichen Körperlängen von 30–90 cm. Streifen- und Zickzackmuster machen viele Arten sehr attraktiv. Darüber hinaus gibt es noch zahlreiche z. B. ins Rötliche gehende Farbformen.

Verbreitung

Die Gattung *Vipera* ist über Europa, Westasien, den Mittleren Osten und Nordafrika verbreitet.

Lebensraum

Die von den Echten Vipern/Ottern besiedelten

Lebensräume sind sehr vielgestaltig. Viele Arten sind gerne an Berghängen, in Hochtälern sowie in Wäldern und Wiesen, aber auch in Geröllhalden bis hin zu steinigen Wüsten anzutreffen.

Lebensweise

Die Tiere ernähren sich von Kleinsäugern, Vögeln, aber auch von Echsen. Jungtiere ernähren sich nicht selten von Insekten. Die Echten Vipern/Ottern sind lebend gebärend.

Alle Vertreter der Echten Vipern/Ottern (Gattung *Vipera*) sind mehr oder minder giftig. Um es ein weiteres Mal zu betonen: Ihre private Haltung im Freiland verbietet sich meiner Meinung nach unabhängig von den in den jeweiligen Bundesländern geltenden rechtlichen Bestimmungen zur Giftschlangenhaltung. Um jedoch auch dem legitimen Interesse nach Informationen über die Freilandhaltung dieser Arten von Seiten der Betreiber öffentlicher Anlagen oder spezieller Artenschutzprogramme nachzukommen, möchte ich im Folgenden einige Ausführungen zu dieser Schlangengattung anführen.

Die meisten Vertreter der Gattung *Vipera* zeigen sich im Freilandterrarium als sehr ruhige und wenig scheue Tiere. Viele Arten werden auch regelmäßig nachgezüchtet. Die meisten Halter von Vipern im Freilandterrarium überwintern ihre Jungtiere im ersten Winter warm, d. h., diese werden aus der Anlage gefangen und im beheizten Zimmerterrarium über die kalte Phase des Jahres gefüttert (ORTH 2002a). Die Jungtiere der meisten europäischen Vipern neigen zu Kannibalismus, weshalb es notwendig sein kann, sie einzeln aufzuziehen (DE SMEDT 2001). Je nach Art fressen die Jungen Grillen und Heuschrecken. Am besten versucht man jedoch, sie von Beginn an nestjunge Mäuse zu gewöhnen (DE SMEDT 2001), die man – natürlich nur abgetötete Tiere! – bei Fressproblemen am Kopf leicht anritzen kann (ORTH 2002a). Eine Besonderheit bei der Freilandhaltung bringen die Kommentkämpfe der Männchen im Frühjahr mit sich. Unterlegene Tiere können im Freilandterrarium nicht fliehen und müssen sich so immer wieder Kämpfen aussetzen. Das kann zur Schwächung einzelner Männchen

***Vipera berus* (Jungtier)** Foto: M. Hallmen

führen (DE SMEDT 2001).

Auch bei der Gattung *Vipera* stehen sicherlich die mittel- und südeuropäischen Arten im Vordergrund des Interesses der Freilandterraristik (HENKEL & SCHMIDT 1998), Allen voran die Kreuzotter (*Vipera berus*), bei der zahlreiche Erfahrungen zur Haltung in Freilandterrarien vorliegen. Sie ist verglichen mit anderen Arten der Gattung *Vipera* relativ wenig giftig. Die Giftzusammensetzung und seine Wirkung sind wohl bekannt (SCHIEMENZ 1995). Die Kreuzotter geht bereitwillig an tote Mäuse und wird häufig und regelmäßig nachgezüchtet. Peter ZÜRCHER belässt die Jungtiere über den ersten Winter in der Anlage, da sie im Zimmerterrarium nur äußerst schwer an die Nahrungsaufnahme zu gewöhnen sind (pers. Mittlg). Erst im Folgejahr werden sie aus dem Freilandterrarium gefangen und in kleineren Terrarien einzeln aufgezogen. Kreuzottern klettern in Freilandterrarien auch regelmäßig in Bäumen oder Sträuchern. Ein Exemplar wurde 18 Jahre lang im Terrarium gepflegt, darunter auch einige

Jahre im Freilandterrarium (ORTH 2002b). Erfahrungen aus der Zimmerterraristik, nach denen die Kreuzotter innerhalb der Gattung *Vipera* ein eher heikler Zögling ist, bestätigen sich bei der Haltung im Freilandterrarium nicht. Nach allen vorliegenden Erfahrungen ist die Kreuzotter möglicherweise eine Schlangenart, die – wohl aufgrund der natürlichen Überwinterung – in Freilandterrarien besser zu halten ist als in Zimmerterrarien.

Ähnlich gute Erfahrungen wie für die Kreuzotter liegen auch für die Aspisviper (*Vipera aspis*) und die Europäische Hornotter (Sandotter, *Vipera ammodytes*) vor. Beide sind jedoch deutlich giftiger als *Vipera berus*. Sie sind sehr robust und werden regelmäßig in Freianlangen nachgezüchtet. Besonders die Alpenviper *Vipera aspis atra* zeichnet sich dadurch aus, dass sie als eine der ersten Arten ihr Winterquartier verlässt und bereits im Vorfrühling im Freilandterrarium aktiv wird. Die Europäische Hornotter (*Vipera ammodytes*) wird ebenfalls regelmäßig in Freilandterrarien gehalten. Die reine Pflege bereitet dabei in der Regel keine Probleme. Bei der Zucht kann der Erfolg jedoch von der Herkunft der Tiere bzw. von der Unterart abhängen. Einigen Angaben zufolge ist die Aufzucht problemlos (u. a. ORTH 2002a). Bei der Alpinen Hornotter (*Vipera ammodytes gregorwallneri*) kann die Saison zur vollständigen Entwicklung der Jungen zu kurz sein. Die Tiere müssen dann im Zimmerterrarium gezüchtet werden. Von derselben Unterart liegt ein Erfahrungsbericht vor, dass ein Exemplar außerhalb des Überwinterungsquartieres den ganzen Winter wohlbehalten überstanden hat (P. ZÜRCHER, pers. Mit. 2002).

Grundsätzlich kommen noch zahlreiche weitere Arten der Gattung *Vipera* für eine Haltung im Freilandterrarium in Betracht. Berichte über Erfahrungen sind jedoch leider sehr selten. Zu folgenden Arten liegen mir einige Kurzinformationen vor: Die Waldsteppenotter (*Vipera nikolskii*) wurde jahrelang mit Erfolg im Freiland gehalten und nachgezüchtet (STETTLER 1991). Die Kaukasusotter (*Vipera kaznakovi*) hat sich über einige Jahre in einem Freilandterrarium in einem Kellerschacht gut pflegen lassen. Exemplare der kleinasiatischen Bergotter (*Vipera xanthina*) und der Levanteotter (*Vipera lebetina*) (beide aus der Türkei) haben ebenfalls schon einige Winter unter mitteleuropäischen Verhältnissen im Freilandterrarium überdauert. Die Wiesenotter (*Vipera ursinii*) ist ebenfalls für die ganzjährige Freilandhaltung geeignet. Bei der Aufzucht ihrer Jungen gilt es jedoch zu bedenken, dass sie sich in der Natur meist von Insekten ernähren. Bei der Fütterung von Mäusen droht daher schnell die Gefahr der Verfettung (ORTH 2002a).

Weitere Informationen in: BRODMANN (1987), GRUBER (1989), GRUSCHWITZ et al. (1993), MEHRTENS (1993), HUTTER (1994), SCHIEMENZ (1995), TRUTNAU (1998), MATTISON (1999), DE SMEDT (2001).

Vipera aspis Foto: M. Hallmen

Weitere Arten

Zu den fünf bislang aufgeführten Gattungen zählen wohl die meisten der in mitteleuropäischen Freilandterrarien für Schlangen gehaltenen Arten. Das darf natürlich nicht den Blick auf weitere für die Freilandhaltung taugliche und attraktive Arten verstellen. Um den Reigen der heimischen Schlangen zu vervollständigen, sei an erster Stelle die Schlingnatter (*Coronella austriaca*) genannt. Sie steht bei Terrarianern im Ruf eines schwierigen Zöglings. Das begründet sich in der Annahme, sie sei als Nahrungsspezialist für Eidechsen und Blindschleichen schwer zu ernähren. Außerdem lebe sie viel zu versteckt und sei überaus bissig und ungestüm. Doch viele Erfahrungen zeigen, dass dies nur bedingt und in erster Linie für Wildfänge gilt (DÜRR 2000). Diese Schlange zeigt sich nicht immer so bissig wie es ihrem Ruf entspricht, in Freilandterrarien – wenngleich in der Tat etwas versteckt lebend – dennoch durchaus regelmäßig zu sehen, und Nachzuchten sind mit nur etwas Mühe an Mäuse- und Rattenbabys als Nahrung zu gewöhnen. Es kann allerdings auch vorkommen, dass Jungschlangen von *Coronella austriaca* über einen Anfangszeitraum mit nestjungen Mäusen „angestopft" werden müssen. Aufgrund ihrer Neigung zum Kannibalismus lassen sich nur gleich große Tiere im selben Freilandterrarium halten. Auch die Aufzucht der Jungen geschieht am besten einzeln in separaten Aufzuchtterrarien. Trotz dieser Einschränkungen hat eine Reihe von Freilandterrarienern viel Freude an ihren Tieren.

Coronella austriaca Foto: M. Hallmen

Für etwas wärmere Freilandterrarien sind auch die ungiftigen Nattern der Gattung *Coluber* zu empfehlen. Die meist mediterranen Arten sollten aus ihren nördlichen Verbreitungsgebieten oder aus Gebirgsregionen stammen. Geeignet sind z. B. die Gelbgrüne Zornnatter (*Coluber viridiflavus*) (HENKEL & SCHMIDT 1998), die Balkan-Zornnatter (*C. gemonensis*) (HENKEL & SCHMIDT 1998) sowie einige andere Arten.

Unter den bereits mehrfach erwähnten Umständen und Sicherheitsauflagen (vgl. Kap. Rechtliche Rahmenbedingungen) sind in öffentlichen Anlagen auch einige Arten der nordamerikanischen Klapperschlangen der Gattung *Crotallus* ganzjährig im Freilandterrarium zu halten. Dies gilt uneingeschränkt für die Waldklapperschlange *Crotallus horridus*. Mit Einschränkungen bei der Überwinterung kann auch die Prärieklapperschlange *Crotallus viridis oreganus* gehalten werden. Und um bei den Grubenottern zu bleiben, so sei auch die Halysotter *Gloydius halys caraganus* als einzige europäische Grubenotter (DE SMEDT 2001) erwähnt. Daneben bleibt für die Freilandterraristik noch eine Unzahl weiterer Schlangenarten z. B. aus dem chinesischen und mongolischen Bereich zu entdecken.

> Weitere Informationen in: BRODMANN (1987), GRUBER (1989), GRUSCHWITZ et al. (1993), HUTTER (1994), MATTISON (1999), TENNANT & BARTLETT (2000), BARTLETT & TENNANT (2000).

Vergesellschaftung

Manche Terrarianer stehen der Vergesellschaftung, d. h. der Haltung unterschiedlicher Arten/Unterarten in einem Terrarium, ablehnend gegenüber. Dafür gibt es gute und auch weniger gute Gründe. Es mag auch sicherlich einen Unterschied machen, welche Reptilien vergesellschaftet werden. Echsen dürften z. B. deutlich anfälliger für Stress aufgrund einer Vergesellschaftung sein, als das bei Schlangen der Fall ist. Für die Haltung von Schlangen in Freilandterrarien zeigt die Praxis, dass fast jeder Betreiber einer solchen Anlage verschiedene Arten gemeinsam darin hält. Und wenngleich HEIDT (1983) sicher zu Recht mit dem Satz „In der Bescheidung zeigt sich der Meister!" vor einer übertriebenen Vergesellschaftung warnt, so muss man doch auch erkennen, dass eine vernünftige Gemeinschaftshaltung – nicht nur in Großanlagen – dem Wohlergehen der Schlangen keinesfalls abträglich ist. Der Grund für eine Vergesellschaftung dürfte in den meisten Fällen wohl sein, dass sich durch die Kombination unterschiedlicher Arten ein breiteres Spektrum an Beobachtungsmöglichkeiten eröffnet. Zusätzlich wird die Beobachtung intensiver und bewusster, wenn unmittelbare Vergleichsmöglichkeiten vorhanden sind. Nur so lässt sich z. B. erkennen, ob alle Tiere auf einen gemeinsamen Umweltfaktor reagieren oder eine wirklich artspezifische Verhaltensweise vorliegt. Ich möchte den direkten Vergleich von Verhaltensweisen nicht missen!

Auf der anderen Seite kann bei der Gemeinschaftshaltung das Problem der Bastardierung entstehen. Es ist bei Freilandterrarien quasi ein doppeltes: Zum einen können sich Tiere, die wie auch immer aus der Anlage entkommen, mit in der Umgebung befindlichen Artgenossen verpaaren. Das führt zur Verfälschung unserer heimischen Schlangenfauna und ist nicht zuletzt aus artenschutzrechtlichen Gründen durch ausbruchsichere Freilandterrarien unbedingt zu verhindern. Werden in der Anlage Unterarten einer Schlangenart gehalten, so können alsbald in der Anlage Mischlinge zu finden sein. In manchen Kreisen der Terrarianer ist das verpönt. Ich persönlich habe mit dieser Form der Bastardierung weniger Probleme, denn daraus können sich sehr schöne und interessant aussehende Tiere ergeben. Allerdings müssen bei einem eventuellen Verkauf alle Nachzuchten als das in Umlauf gebracht werden, was sie sind. Manche unseriösen Anbieter deklarieren Mischlinge als reinrassige Tiere, damit sie sich besser verkaufen lassen. Ich lehne das strikt ab!

Für die Gemeinschaftshaltung verschiedener Schlangenarten müssen jedoch einige Grundvoraussetzungen vorhanden sein: Das Freilandterrarium muss den ökologischen Ansprüchen jeder einzelnen Art genügen. Nicht der kleinste gemeinsame Nenner zählt, sondern eine größtmögliche und umfassende Berücksichtigung der Ansprüche jeder einzelnen Art. Daher sind Gemeinschaftsanlagen im Freiland möglichst abwechslungsreich anzulegen, mit unterschiedlichsten Verstecken, Steinlandschaften ohne viel Vegetation, feuchteren Zonen mit üppigem Pflanzenwuchs und einigen Übergängen. In so gestalteten Freilandterrarien müsste sich für jede grundsätzlich taugliche Spezies ein artgerechtes Refugium finden. Das erfordert natürlich eine gewisse Grundfläche der Anlage. Auf nur 2 m² dürften all diese Ansprüche nur schwer zu realisieren sein. Allerdings bietet meine Anlage von ca. 8 m² bereits ein üppiges Mosaik an unterschiedlichen Kleinstlebensräumen.

Eine weitere Voraussetzung ist, dass man keine Räuber mit ihrer potenziellen Beute vergesellschaften darf. Daher sind die europäische Schlingnatter (*Coronella austriaca*) oder nordamerikanische Königsnattern der Gattung *Lampropeltis* als bekannte Schlangenfresser für eine Vergesellschaftung denkbar ungeeignet. Aus demselben Grund verbietet es sich auch, Amphibien mit Wassernattern (Natricinae) zu vergesellschaften. Manche Arten oder Unterarten, wie z. B. einige Unterarten der Wandernden Strumpfbandnatter (*Thamnophis elegans*), neigen zum Kannibalismus; ebenfalls ein die Gesellschaftshaltung einschränkender Aspekt.

Einige Beispiele für Vergesellschaftungen unterschiedlicher Schlangenarten: Im Reptilienzoo Scheidegg werden auf 80 m² Fläche 100 Schlangen gehalten, die acht unterschiedlichen Arten angehören: Aspisviper (*V. aspis*), Kreuzotter (*V. berus*), Hornotter (*V. ammodytes*), Wiesenotter (*V. ursinii*), Äskulapnatter (*E. longissima*), Gewöhnliche Strumpfbandnatter (*T. sirtalis*), Würfelnatter (*N. tessellata*), Ringelnatter (*N. natrix*) (HALLMEN 1997). Im Reptilienzoo Happ (Klagenfurt, Österreich) finden sich in der dort größten Freianlage von 120 m^2 60 Exemplare der 5 Arten Kreuzotter, Hornotter, Äskulapnatter, Würfelnatter und Ringelnatter. Aber auch in privaten Freilandterrarien tummelt sich eine meist üppige Vielfalt. Zwei bis drei Arten/Unterarten haben die meisten, eher mehr. In meiner Anlage befinden sich derzeit Exemplare von zehn Arten/Unterarten oder Farbformen (*Natrix natrix, N. tessellata, Thamnophis marcianus, T. ordinoides, T. p. proximus, T. radix, T. s. sirtalis, T. s. parietalis, T. s. semifasciatus, T. s. sirtalis* melanistisch). Und in allen bekannten Fällen läuft die Vergesellschaftung unter den oben genannten Voraussetzungen reibungslos.

Aus der Praxis sind mir zahlreiche Beispiele bekannt, in denen Schlangen mit anderen Reptilien – vornehmlich Echsen – in ein- und demselben Freilandterrarium gehalten werden. Das geht in Einzelfällen sogar recht gut. Dennoch muss ich hier anmerken, dass ich Schlangen in Gemeinschaftshaltung mit Echsen für eine aus Sicht des Tierschutzes unzulässige Kombination halte. Zu junge Echsen werden nicht selten von adulten Schlangen und junge Schlangen von den adulten Echsen gefressen. Und selbst, wenn die Größen der jeweiligen Tiere vermeintlich zueinander passen, so könnten vor allem die Echsen bei dieser Kombination unter dauerndem Stress leben. Daher werde ich an dieser Stelle bewusst auf die Angabe von Erfahrungswerten verzichten – ich möchte keine Nachahmer provozieren. Die wenigen mir bekannten Beispiele, bei denen derartige Vergesellschaftungen dauerhaft und ohne offenkundigen Stress für einen der Partner funktionieren, stellen Großanlagen dar, die sehr viel Raum zum gegenseitigen Ausweichen lassen und die überdies professionell betreut werden. Eine Nachahmung kann ich nicht empfehlen. Gleiches gilt ohne Einschränkung für eine Vergesellschaftung von Schlangen mit Amphibien.

Etwas weniger problematisch stellt sich die Vergesellschaftung von Schlangen mit Schildkröten dar, wenngleich auch hier unterschiedliche Reptiliengruppen unnatürlich eng zusammen gehalten werden. In Anlagen mit größeren Teichen ist die Haltung z. B. von Rotwangen-Schmuckschildkröten (*Trachemys scripta elegans*), Nordamerikanischen Zierschildkröte (*Chrysemys picta*) oder auch der Europäischen Sumpfschildkröte (*Emys orbicularis*) kein Problem. Selbst Landschildkröten sind für eine Gemeinschaftshaltung denkbar. Mit der Griechischen Landschildkröte (*Testudo hermanni*) und der Maurischen Landschildkröte (*T. graeca*) sowie mit der Dosenschildkröte (*Terrapene carolina carolina*) liegen gute Erfahrungen vor. Bei der Haltung von Landschildkröten muss aber der in Terrarium befindliche Teich recht klein und flach sein. Andernfalls muss durch eine Barriere dafür gesorgt werden, dass die Landschildkröten nicht darin ertrinken können.

Problem Bastardierung: Mischling aus *Thamnophis sirtalis parietalis* und *Thamnophis sirtalis semifasciatus* Foto: M. Hallmen

6. Beispielanlagen

Im Folgenden stelle ich einige Freilandterrarien für Schlangen in Wort und Bild näher vor. Die Erfahrungen mit vielen dieser Anlagen waren eine der Grundlangen für die vorangegangenen Kapitel des Buches. Dem aufmerksamen Leser werden manche Details sowie einige Fotos schon bekannt vorkommen. Die Vorstellung der dazugehörigen Gesamtanlagen soll das Bild zur jeweiligen Information abrunden. Man kann sich hier Ideen holen und in seine eigenen Planungen einbeziehen. Der Schwerpunkt liegt auf den privaten Kleinanlagen, doch auch professionelle Beispiele werden präsentiert. Ich habe versucht, möglichst unterschiedliche Bautypen und Verwendungszwecke zu berücksichtigen, um die ganze Vielfalt der Möglichkeiten anzureißen. Natürlich ist die Auswahl der Beispiele subjektiv. Leider können nicht alle Freilandterrarien für Schlangen in diesem Buch Platz finden, die ich im Rahmen meiner Recherchen besucht habe. Bei der Vorstellung jeder Anlage findet sich auch ein kurzer und vereinheitlichter Steckbrief, der einen groben Überblick erlaubt.

Private Kleinanlagen

Frühstück auf der Terrasse mit Schlangenblick – mein eigenes Freilandterrarium

Ich beginne diesen bunten Reigen der Vorstellung einiger Freilandterrarien für Schlangen mit meiner eigenen Anlage; nicht, weil sich der Esel immer zuerst nennt, sondern weil ich meine Anlage einfach am besten kenne. Mein Freilandterrarium wurde im Rahmen der Umgestaltung einer bis dato recht unansehnlichen Terrasse einer Doppelhaushälfte errichtet. Anders ausgedrückt: Um die Freianlage als Kernstück herum wurde die Terras-

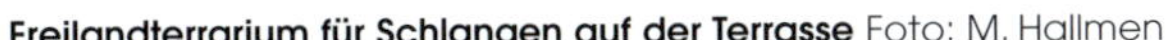

Freilandterrarium für Schlangen auf der Terrasse Foto: M. Hallmen

se neu arrangiert. Leider konnte ich die Pläne meines Sohnes, die Terrasse komplett zu verglasen und die Sitzgruppe in die Anlage zu integrieren, nicht verwirklichen. Der Familienrat beschloss, den Schlangen lediglich ca. ein Drittel der Terrasse „zu opfern“.

Die Anlage umfasst 8 m². Sie wird den ganzen Vormittag von der Sonne beschienen. Je nach Jahreszeit ab ca. 15.00 Uhr befindet sich das Terrarium für den Rest des Tages im Schatten des Hauses. Die linke Seite ist mit in der Hauswand verdübelten Kanthölzern verschraubt. Gleiches gilt für den Großteil der Rückwand. Diese beiden Wände bestehen aus 6 mm starkem Hartplastik, wie es zur Verkleidung von Balkonen verwendet wird. Die Platten sind in ein Betonfundament von ca. 40 cm Tiefe eingelassen, das die ganze Anlage umzieht und in dem U-Profile aus Aluminium für die Vorderfront und die rechte Wand eingelassen sind. Diese Teile bestehen aus 10 mm dickem Verbundsicherheitsglas (VGS), der drei im Garten spielenden Kinder wegen. Alle Glasteile sind an einbetonierten Aluminiumpfosten mit Silikon verklebt. Alle Pfosten wurden von außen mit einer Blende aus druckimprägniertem Holz im Stile der gesamten Anlage versehen. Beide Seitenwände erhöhen sich nach hinten, und die Oberkante der Rückwand liegt ca. 40 cm höher als diejenige der Frontscheibe. Dadurch kann das Gelände im Innenraum der Anlage in Terrassen ansteigen, wodurch sich eine bessere räumliche Wirkung erzielen lässt. Dank meines eher sandigen Gartenbodens und der Lage des Freilandterrariums im Windschatten meines Hauses war eine Drainageschicht gänzlich unnötig.

Bauphase meines Freilandterrariums Foto: M. Hallmen

Lena Hallmen im Überwinterungsquartier Foto: M. Hallmen

Nahe der Hauswand befindet sich ein 50 x 50 cm breiter und 1 m tiefer Überwinterungsschacht, der mit isolierenden Materialien wie Rindenmulch und Stücken aus Schaumstoff aufgefüllt ist. In diesem Schacht befindet sich auch eine Stromversorgung für eine eventuelle Beheizung, was sich bislang jedoch als unnötig herausstellte. Ein eingebautes Thermometer, das in 60 cm Tiefe die Temperatur im Schacht misst, lieferte im Laufe der Zeit dagegen sehr aufschlussreiche Ergebnisse. Der Überwinterungsschacht ist mit einem Rest der Hartplastikplatte der Rückwand abgedeckt, auf der eine Schicht Rindenmulch liegt. Die Schlangen haben ganzjährig Zugang zu diesem Schacht. In der rechten Ecke befindet sich ein über 1 m tiefer und 1,5 m breiter Teich, in den Moderlieschen (*Leucaspius delineatus*) und Elritzen (*Phoxinus phoxinus*) als mögliche Futterfische eingesetzt sind. Die hintere Hälfte des Terrariums ist mit Steinen aus Muschelkalk in zwei Stufen an-

Die Anlage unmittelbar nach der Fertigstellung Foto: M. Hallmen

steigend angelegt. In den kleinen Natursteinmauern befindet sich eine Reihe unterschiedlicher Hohlräume als Verstecke für die Schlangen. Zusätzlich bieten Rindenstücke und Wurzeln Unterschlupf. Die Bepflanzung richtet sich nach dem vorhandenen trockenen Untergrund. Trockenheit liebende Pflanzen wie diverse Mauerpfeffer-Arten (*Sedum* sp.), Thymian (*Thymus vulgaris*), Zwergkiefer (*Pinus* sp.) und Efeu (*Hedera helix*) sind eingepflanzt, dazu gesellten sich im Laufe der Zeit die unterschiedlichsten „Unkräuter", die ich jedoch zumeist toleriere. In den Wasserteil sind eine Teichrose (*Nupher lutea*), Tannenwedel (*Hippurus vulgaris*), Sumpfdotterblume (*Caltha palustris*) und Wollgras (*Eriophorum* sp.) eingebracht. Ein kleines „Wäldchen" aus drei Zwergwacholdern (*Juniperus* sp.) dient als zusätzlicher Schattenspender.

Als Schutz vor Prädatoren habe ich ein Netz, wie es zum Schutz von Obstbäumen vor Staren handelsüblich ist, in zwei Holzrahmen aus druckimprägnierten Holzlatten gespannt (inzwischen durch Fischernetz aus den Niederlanden ersetzt). Jeder Rahmen bedeckt eine Hälfte der Anlage. Die Rahmen liegen auf der Umrandung auf. Vor Verrutschen sind sie durch jeweils zwei verschraubte Haken gesichert, in denen sie am hinteren Ende eingehängt sind. Sie lassen sich denkbar einfach und schnell vom Terrarium abheben und beiseite stellen.

Mein Freilandterrarium wurde in Eigenbauweise erstellt. Die Bauphase dauerte mit der Neuanlegung der Terrasse ca. sechs Wochen. Die Kosten beliefen sich 1999 auf etwa 2.500.- €.

Bei den Schlangen, die ich in meinem Freilandterrarium halte, liegt der Schwerpunkt derzeit auf Vertretern nordamerikanischer Strumpfbandnattern der Gattung *Thamnophis*. Acht Arten, Unterarten oder Farbformen leben schon seit einigen Jahren ganzjährig in meiner Anlage. Insgesamt sind 20 Tiere in meiner Freianlage untergebracht, darunter auch je zwei Exemplare der einheimischen Ringelnatter und der Würfelnattern. Sie stellen für mich eine willkommene Ergänzung der Beobachtungsmöglichkeiten zum biologischen Repertoire meiner Strumpfbandnattern dar.

Weitere Informationen sind nachzulesen in: Hallmen (2000a, b, 2001a, b, 2003), Hallmen & Chlebowy (2001).

Größe: 2 x 4 m
Fundament: Beton, ca. 40 cm tief
Umrandung: 10-mm-Sicherheitsglas, Kunststoffplatten
Prädatorenschutz: 2 Holzrahmen, mit Netz bespannt
Überwinterung: Überwinterungsschacht, 1 m tief
Künstliche Wärmequellen: -
Gehaltene Arten: Gesellschaftsterrarium mit *Natrix natrix, N. tessellata, Thamnophis m. marcianus, T. ordinoides, T. p. proximus, T. radix, T. sirtalis parietalis, T. s. semifasciatus, T. s. sirtalis, T. s. sirtalis* melanistisch.

Stolzer Blick auf die lang gestreckten Freilandterrarien
Foto: M. Hallmen

Bunte Vielfalt der Freilandterrarien – Freilandterrarien von Dr. Frank Mittenzwei

Beim Tierarzt meiner Wahl gibt es gleich drei grundlegend unterschiedliche Typen von Freilandterrarien für Schlangen zu bewundern. Am unauffälligsten im Halbschatten einiger Büsche postiert stehen ein paar alte Aquarien verschiedener Größen im dichten Gras. Sie sind ca. 10 cm tief in den Boden eingelassen. Auf einigen befinden sich Abdeckungen aus Gazedraht, auf anderen nicht. Aus allen ist die Bodenplatte ausgeschnitten. Jedes ist dafür mit Gaze aus Plastik, die mit Silikon an den Unterkanten der Scheiben verklebt ist, im Boden nach unten abgedichtet. In den Kleinterrarien wächst Gras. Ein Untersetzer für Blumentöpfe, mit Wasser gefüllt, dient als Trinkbehälter und Badegelegenheit in einem. Einige wenige Steine oder Rinde der Korkeiche sind den Schlangen Unterschlupf und Sonnenbank. Zur Vermeidung von Überhitzung in den kleinen Behältern sind diese, wie gesagt, unter Büschen platziert. In den ausgedienten Aquarien werden überwiegend Kreuzottern gehalten. Die meisten von ihnen sind Patienten, die nach abgeschlossenem Genesungsprozess wieder in die freie Natur entlassen werden.

An der Grundstücksgrenze zieht sich Platz sparend ein in drei einzelne Abschnitte unterteiltes Freilandterrarium entlang. Aus der Länge von 9 m und der Breite von 1 m errechnet sich eine Fläche pro Terrarium von 3 m². Die Anlagen sind etwas in den Boden eingelassen (10–20 cm unter der Grasnarbe). Als Umrandung dienen an der Rückfront alte, ursprünglich zum Verschrotten freigegebene verzinkte Metallrahmen mit ebenfalls verzinktem Gazedraht – eine sehr luftige Rückwand. Die Maße dieser „Abfallware" waren die Vorgabe für die Größe der Anlagen. Die anderen Umrandungselemente sind aus Stegplatten angepasst. Sie haben eine Höhe von 60–80 cm. Alle Umrandungen sind nur in den Boden eingelassen, unter dem Bachschotter ansteht; ein echtes Fundament fehlt. Alle drei Anlagen sind von unten im Boden mit Gaze aus Plastik abgedichtet. An der höchsten Stelle der drei Freilandterrarien ist ein ca. 20 cm breiter Streifen aus Stegplatten über die ganze Länge aller Anlagen angebracht. Er sorgt für eine etwas trockenere Zone im Innenraum. Um die Oberkanten der Vorder- und Rückfronten sowie der leicht nach vorne abgeschrägten Seitenteile ist ein Rahmen aus Holz angeklebt. Er steht für einige Zentimeter nach innen über und dient als Abweiskante. Als Inneneinrichtung finden sich in jedem der drei Freiterrarien je ein kleiner Teich und zahlreiche Verstecke unter Steinen und Wurzeln. Die Bepflanzung ist eher schütter. Für die Überwinterung ist schräg unter die Teiche laufend jeweils ein Schacht von ca. 50 cm Tiefe ge-

Geräumige und luftige Anlage für Äskulapnattern Foto: M. Hallmen

graben, der z. T. mit Erde aufgefüllt ist. Abdeckungen als Schutz vor Fressfeinden fehlen aufgrund des Hundes im Garten. In den beschriebenen Freilandterrarien werden überwiegend Ringelnattern gehalten.

Für zwei Äskulapnattern wurde ein sehr spezielles Freilandterrarium konstruiert. Es besteht prinzipiell aus einem Holzrahmen mit den Maßen 220 x 100 x 160 cm (L x B x H). Er ist mit unterschiedlichen Wandelementen verkleidet. Den Boden bildet eine große Stegplatte, die leicht perforiert ist, damit überschüssiges Wasser versickern kann. Eine weitere variable Stegplatte über dem mit Gaze bespannten Dach des „Käfigs" verhindert zu starke Nässe bei Regen. Die Bodenplatte ist von allen Seiten bis zu einer Höhe von ca. 30 cm mit Stegplatten umrandet. So wird das Füllmaterial im Innenraum festgehalten. Darüber ist bis zur Decke von allen Seiten Gaze gespannt. Lediglich die Rückwand besteht nur zur Hälfte aus Gaze; der andere Teil wird von einer Stegplatte gebildet. Das macht das Freilandterrarium sehr luftig. Das muss es auch sein, damit es sich trotz seiner Ausmaße einfach an einen anderen Ort im Garten stellen lässt. So kann dem Bedürfnis der Wärme liebenden Bewohner nach reichlich Sonneneinstrahlung zu allen Jahreszeiten angemessen nachgekommen werden. Die luftige Bauweise verhindert selbst in praller Sonne eine Überhitzung. Zusätzlich können sich die Tiere durch die Höhe der Anlage den ihrem Wohlbefinden zuträglichen Temperaturbereich im entstehenden Gradienten selbst auswählen. Dem kommt die Einrichtung entgegen, die aus zahlreichen Wurzeln als Verstecke sowie aus Kletterästen bis unter das Dach der Anlage besteht. Dabei sind alle Einrichtungsgegenstände so leicht, dass sie den Transport beim Ortswechsel des Terrariums kaum behindern. Ein flaches, aber breites Wassergefäß macht die Einrichtung vollständig. Durch eine dicht schließende Holztür kann das Terrarium für die notwendigen Arbeiten betreten werden. Gelegenheit zur Überwinterung der Tiere gibt es in diesem Freilandterrarium nicht. Sie erfolgt in einem kühlen Keller des Hauses.

Kleinstanlage zur Aufzucht von Jungtieren Foto: M. Hallmen

Aquarium ohne Boden mit Abdeckung als Freilandterrarium für Schlangen
Foto: M. Hallmen

Oft kopiert und nie erreicht – Freilandterrarien von Udo Strathemann

Vorab sei angemerkt, dass Udo Strathemann während der Fertigstellung des Manuskriptes zu diesem Buch verstarb. Ich weiß, dass er stolz darauf wäre, seine Anlagen hier in Wort und Bild vorgestellt zu finden. Lieber Udo: Es ist mir eine Ehre!

Die beiden Freilandterrarien stehen mit einem Abstand von 30 cm im rechten Winkel zueinander. Die größere Anlage umfasst ca. 7, die kleinere 3,5 m^2. Deutlich sichtbar ist das über die Erdoberfläche hinausgearbeitete Betonfundament. Es ist 15 cm breit und mit einer Tiefe von 80 cm vor Frost und Wühlmäusen sicher. Auf den Beton sind von oben U-Profile als Fassung für die Glasscheiben der Umrandung verschraubt. Das Glas ist 8 mm stark. Die Höhe der Glaswände beträgt beim größeren Terrarium 80 cm und bei der kleineren, als Aufzuchtterrarium gedachten Anlage 50 cm. Die Glasscheiben sitzen in einem Bett aus Fensterkitt und sind an den Seiten über Silikonnähte miteinander verbunden. Weitere stabilisierende Verstrebungen sind aufgrund der zahlreichen Winkel der Außenwände nicht notwendig. Am oberen Ende der Glasumrandung der Aufzuchtanlage befindet sich eine nach innen weisende 10 cm breite Abweiskante.

Die Verstecke für die Schlangen bestehen überwiegend aus Wurzeln und Steinen. Die Bepflanzung war ursprünglich sehr sparsam. Bei dieser Anlage wurde bewusst abgewartet, was sich an Vegetation im Laufe der Zeit natürlich entwickeln würde. Heute ist das Terrarium mit einer bunten Palette heimischer Gräser und Kräuter bewachsen. Als Wasserstellen stehen je ein Teich von 140 x 140 cm und 80 cm Tiefe bzw. von 80 x 60 cm und 60 cm Tiefe zur Verfügung. Der größere von bei-

In diesem Garten um das kleine anheimelnde Landhaus fühlt man sich wie in der TV-Serie „Landtierarztpraxis Dr. Mittenzwei“. Einziger Unterschied zu bekannten Vorläufern im Fernsehen: Zwischen dem Esel im Stall und dem von Hund und Schaf bewachten Garten befindet sich eine Sammlung der unterschiedlichsten Freilandterrarien für Schlangen. Hier wurden alte Bauteile recyclet oder Anlagen nach Vorstellungen des Erbauers nach Maß verwirklicht; eine sehenswerte Fundgrube spezieller Lösungen für unterschiedliche Herausforderungen.

Größe: 50 x 30 cm bis 120 x 60 cm / 3 x 1 m (3x) 220 x 100 x 160 cm (L x B x H)
Fundament: -
Umrandung: verzinkte Gaze, Plastikgaze, Stegplattern, Glas
Prädatorenschutz: -
Überwinterung: Überwinterungsquartiere 50 cm tief, z. T. mit Erde gefüllt
Künstliche Wärmequellen: -
Gehaltene Arten: *Elaphe longissima, Natrix natrix, Vipera berus*

Die Freilandterrarien von Udo Strathemann im Wandel der Jahreszeiten: Frühjahr, Sommernacht, Herbst und Winter.
Fotos: M. Hallmen (Frühjahr), U. Strathemann (Sommernacht, Herbst und Winter)

den ist ein hartschaliger Fertigteich, der kleinere ein Folienteich.

Zum Schutz vor Fressfeinden sind beide Freilandterrarien mit einem grobmaschigen Fischernetz aus dünnem, schwarzem Nylon abgedeckt. Die Netze hängen ca. 10 cm über die Umrandung der Terrarien. Sie werden mit Saugnäpfen, die große Haken besitzen, an der Oberkante der Glasfronten von außen befestigt. Um die Netze gleichmäßig zu spannen, sind runde Holzstäbe an den Rändern der Netze durch die Maschen geschoben, die in den Haken der Saugnäpfe verankert sind.

Erstes Freilandterrarium für Schlangen von 1982
Foto: U. Strathemann

Beide Anlagen verfügen über je einen Überwinterungsschacht mit einer Fläche von 80 x 60 cm und einer Tiefe von 80 cm. Aufgrund des sehr festen Bodens führt vom Boden des Überwinterungsschachtes aus ein Drainagerohr direkt zur Regenwasserentsorgung des nahe gelegenen Wohnhauses. Der Schacht ist mit wechselnden, 8–10 cm mächtigen Schichten aus Ästen, Laub, Rindenmulch und Torf gefüllt. Es sind auch einige Tonröhren mit eingebaut. Als Abdeckung fungiert eine Eternitplatte, die mit Grassoden bedeckt ist. Als zusätzliche Wärmequelle werden in kühlen und feuchten Frühjahren Folien in der Anlage ausgelegt.

Die Freilandterrarien (Fundamente und Glasumrandungen) wurden von einer Fachfirma erstellt. Somit sind die Kosten vergleichsweise einfach zu benennen: Die Anlage kostete 1991 etwa 1.000 €. Sie war damit sehr preiswert und würde heute wohl ein Vielfaches mehr kosten.

Der Schwerpunkt der gehaltenen Schlangenarten liegt auf Vertretern der Strumpfbandnattern (Gattung *Thamnophis*) aus Nordamerika. Insgesamt werden/wurden in den Anlagen bereits elf Arten, Unterarten oder Farbformen gehalten. Des Weiteren haben sich auch Individuen der Siegelringnatter (*Nerodia s. sipedon*) für die Pflege bewährt.

In die derzeitigen Freilandterrarien von Udo Strathemann flossen die Erfahrungen eines Vorläufermodells aus glasfaserverstärktem Kunststoff ein, das 1982 erbaut und 1989 wegen eines Umzugs wieder aufgelöst werden musste. Die 1991 erbaute Doppelanlage aus Glas ist durch ihre optisch sehr attraktive Form von zwei rechtwinklig zueinander angelegten Achtecken sehr ansprechend in das Gesamtbild des Gartens eingepasst. Sie ist durch eine künstliche Beleuchtung, die zwischen den Terrarien angebracht ist, auch nachts eine Attraktion. Die Doppelanlage ist nicht zuletzt durch zahlreiche Veröffentlichungen und die Erwähnung in einem Buch (MUTSCHMANN 1995) zur „Mutter" zahlreicher weiterer Freilandterrarien für Schlangen geworden. Die Erfahrungswerte, die Udo Strathemann über Jahrzehnte sammeln konnte, finden sich in vielen Freianlagen wieder – nicht zuletzt auch in meiner.

Weitere Informationen sind nachzulesen in:
STRATHEMANN (1986, 1995a–c), MUTSCHMANN (1995)

Größe: 300 x 240 cm / 240 x 150 cm
Fundament: Beton, 80 cm tief
Umrandung: Glas, 8 mm
Prädatorenschutz: Netz, mit Rundhölzern in Haken von Saugnäpfen an Scheibe verspannt
Überwinterung: Schacht, 80 cm tief, mit Ästen, Laub, Moos u. Ä. aufgefüllt
Künstliche Wärmequellen: –
Gehaltene Arten: *Nerodia s. sipedon, Thamnophis butleri, T. marcianus, T. ordinoides, T. radix, T. sirtalis parietalis, T. s. semifasciatus, T. s. sirtalis, T. s. sirtalis* melanistisch, *T. s. sirtalis* „Florida blue" (im Sommer)

Udo Strathemann in seiner Anlage Foto: M. Hallmen

Ästhetik im Freianlagenbau – Freilandterrarien von Helmut Kreyerhoff

Das erste Freilandterrarium für Schlangen von Helmut Kreyerhoff entstand 1997. Es besitzt die Maße 3 x 1,5 m. Die ausgewählte Gartenecke erhält je nach Jahreszeit von 9–17 Uhr Sonneneinstrahlung. Die rechteckige Form wirkt durch einfaches Abschrägen einer Ecke optisch sehr attraktiv. Auf einem Betonstreifenfundament mit einer Tiefe von 40 cm und spatenbreit sind verzinkte Metallprofile verschraubt. Sie bilden einen Rahmen für die Glasfront sowie eine Glasseite. Die Glasscheiben von 6 mm Stärke und 85 cm Höhe wurden darin mit Silikon verklebt. Die Rückfront und ein Seitenteil sind aus massiven Klinkersteinen gemauert. Auf der Mauer hat Helmut Kreyerhoff Abschlusssteine desselben Materials so angebracht, dass sie den Rot-Ton der Steine besonders hervorheben. Ebensolche Abschlusssteine finden sich am Fuß der Glasscheiben, wodurch für das gesamte Terrarium ein überaus harmonischer optischer Gesamteindruck entsteht. Aus ebenfalls optischen Gründen sind alle Metallprofile von außen mit grünen, druckimprägnierten Kanthölzern verblendet. Sie haben keinerlei tragende Funktion. Die Abdeckung aus demselben Holz ist in zwei Teile gegliedert: Der vordere besteht aus einem einfachen Holzrahmen, mit gummiertem Maschendraht bespannt. Er liegt verschraubten Aluminiumwinkeln auf und ist einfach und schnell zu entfernen. Der hintere Teil der Anlage ist mit einer Art Haube versehen. Sie besteht aus einem hölzernen Gewölbe, das ebenfalls mit Maschendraht bespannt ist. Zusätzlich ist ganz oben fast auf der gesamten Länge ein flexibles dünnes Plexiglas befestigt. Es hält den hinteren Teil der Anlage in Regenperioden trocken. Auch dieser Teil der Abdeckung kann entfernt werden; er ist jedoch etwas schwieriger zu handhaben als die vordere Abdeckung. Die Inneneinrichtung ist sehr naturnah angelegt. Es wurden Pflanzen wie Heidekraut (*Erica* sp.),

Ein Kleinod unter den Freilandterrarien für Schlangen Foto: H. Kreyerhoff

Auch der Erweiterungsbau kann sich sehen lassen Foto: H. Kreyerhoff

Zwergkiefer (*Pinus mugo pumilo*), Fünffingerstrauch (*Potentilla* sp.), Schwingelgras (*Festuca* sp.) und diverse heimische Grasarten aus dem Wald eingesetzt. Große Baumstümpfe dienen den Schlangen gleichzeitig als Unterschlupf und Sonnenplatz. Einige tief eingelegte Feldsteine geben sicheren Tritt beim umsichtigen Betreten der pflanzenreichen Anlage. Ein kleiner Folienteich ist inzwischen in der beabsichtigten Weise mit Pfennigkraut (*Lysimachia nummularia*), Becherfarn (*Matteuccia struthiopteris*), Bachbunge (*Veronica beccabunga*), Tannenwedel (*Hippuris vulgaris*) sowie diversen Moosen verkrautet. Die verwendeten Materialien und die „schräge Ecke" verleihen der Anlage eine gewisse Eleganz.

Man sollte denken, dass jede weitere bauliche Maßnahme diesen schönen Anblick nur entstellen würde. Doch 2001 bewies der Erbauer durch ein zweites, direkt an diese Anlage angebautes Freilandterrarium für Schlangen das Gegenteil. Die als „Erweiterungsanlage" bezeichnete Fortsetzung ist prinzipiell ähnlich gestaltet wie das Vorläufermodell. Ihre 4,5 m^2 Fläche werden von den gleichen Materialien begrenzt. Die Rückfront ruht auf einem 40 cm tiefen und 20 cm breiten Betonfundament. Als neues und optisch ebenfalls sehr ansprechendes Gestaltungselement wurde die Rückwand in Form eines Viertelkreises gemauert. Zusätzlich sind ihre Abschlusssteine ebenfalls in Bogenform gemauert. An der höchsten Stelle ist die Mauer 145 cm hoch. Die beiden rechtwinklig zueinander stehenden Seitenteile werden durch eine Glasfont miteinander verbunden. Die tragenden T-Eisenprofile sind in den Beton eingelassen, die Glasscheiben mit diesen durch Silikon verklebt. Die Abdeckung besteht ebenfalls wieder aus gummiertem Maschendraht. Er ist hier jedoch fest mit der Anlage verbunden und kann nicht abgenommen werden. Der Zugang in die Anlage erfolgt über eine flexible Lasche des Drahtes, die zurückgebogen werden kann und dem Pfleger einen gebückten Aufenthalt in der Anlage für die notwendigen Arbeiten erlaubt. Über die hintere Hälfte des Terrariums ist eine witterungsbeständige Vinyl-Folie gespannt, die für Trockenheit und Wärme in diesem Bereich sorgt.

Die Inneneinrichtung ist als eine Art Böschung aus Steinen angelegt. Mit den vielen Pflanzen, Wurzeln und einem kleinen Teich ähnelt sie der Nachbaranlage. Beide Anlagen ergeben eine ebenso funktionale wie schön anzusehende Einheit.

Das dritte Freilandterrarium für Schlangen im Garten von Helmut Kreyerhoff entstand im Frühjahr 2002. Der ehemalige „Schandfleck" des Gartens, ein verwildertes Eck hinter einer Mauer zur Abgrenzung einer Sitzecke, wurde entrümpelt und für Schlangenzwecke umfunktioniert. Die 3 x 1,5 m große Anlage unterscheidet sich in der Bauweise und den angewandten Techniken in einigen Punkten von seinen Vorläufermodellen. Das Fundament ist nicht betoniert, sondern besteht aus 22 mm starken Siebdruckplatten, die 50 cm tief in den Boden eingegraben und in ein Gestell aus maßgefertigten verzinkten T-Eisenprofilen mit Bohrungen oder mit Winkeln verschraubt sind. An den Ecken des Terrariums stehen die Profile über das Fundament aus Siebdruckplatten 85 cm in die Höhe. Die 8 mm starken Glasscheiben wurden mit Silikon auf die Holzplatten aufgesetzt bzw. an den Eisenträgern verklebt. Die entstehenden Ecken des Terrariums sind von außen dekorativ mit Holz verkleidet. Die Rückfront des Terrariums bildet eine bereits vorhandene Mauer aus Klinkersteinen, an die das Terrarium angelehnt ist. Die Abdeckung als Prädatorenschutz ist ganz im Stile der anderen beiden anderen Anlagen gerundet. Druckimprägnierte Holzbögen aus dem Baustofffachhandel wurden mit der Kreissäge der Länge nach halbiert. Sie bilden zusammen mit langen Kanthölzern des gleichen Materials einen Rahmen, der auf abschließenden Eisenprofilen bzw. an der Wand ruht. Er ist mit gummiertem Maschendraht (1 x 1 cm Maschenweite) bespannt. Damit er auf der Länge von 3 m nicht durchhängt, sind weitere dünnere Bögen aus Fieberglasstangen eingebaut, wie sie im Campingfachhandel erhältlich sind. An der Wand ist dicht über der Anlage über einem Stab auf Rollen eine transparente und UV-beständige Vinyl-Folie installiert. Sie kann von Hand bei Bedarf über das Terrarium gezogen werden und dient gleichermaßen als Schutz vor zu viel Niederschlag wie auch zur zusätzlichen Erwärmung der Anlage. Das Folienmaterial stammt ebenfalls aus dem Campingfachhandel. Der Zugang in den Innenraum des Terrariums erfolgt wieder über eine Luke, die in den Maschendraht geschnitten ist. Die Abdeckung kann nicht als Ganzes abgehoben werden. Entsprechend des als „Texas-Außenanlage" konzipierten Freilandterrariums ist die Inneneinrichtung mit vielen Steinen und nur schütterer Vegetation eingerichtet. Als Pflanzen wurden im trockenen Teil eingesetzt: Palmlilien (*Yucca filamentosa*), Blauschwingelgras (*Festuca glauca*), Walzenwolfsmilch (*Euphorbia myrsinites*), Moossteinbrech (*Saxifraga* sp.), Dickblattgewächse (*Echeveria* sp.), Spindelstrauch (*Euonymus* sp.), Sonnenröschen (*Helianthemum* sp.) und Fetthenne (*Se*-

Bauarbeiten an der dritten Anlage, der „Texas-Anlage" Foto: H. Kreyerhoff

Auch die „Texas-Anlage" ist dekorativ in den Garten integriert. Foto: H. Kreyerhoff

dum spec.). Der kleine Feuchtteil wurde mit Bachbunge (*Veronica beccabunga*) und heimischen Moosen bepflanzt. Der kleine Folienteich nebst kurzem Bachlauf ist kaum als solcher wahrzunehmen; er ähnelt mehr einer Feuchtstelle in ansonsten sehr trockener Umgebung. Die Materialkosten dieser Anlage beliefen sich auf ca. 500,- €.

In allen drei Anlagen werden bislang ausschließlich nordamerikanische Strumpfbandnattern der Gattung *Thamnophis* gehalten. Gefüttert werden die Schlangen individuell mit Rinderherz und/oder mit Forellenstreifen (beides im Fleischwolf zerkleinert). In den kleinen Teichen werden keine Futterfische angeboten. Alle drei Anlagen verfügen nicht über ein Überwinterungsquartier. Sie sind daher nur von Ende April bis Oktober/November mit Schlangen besetzt. Die Überwinterung der adulten Tiere erfolgt anfangs im Keller bei ca. 10–12 °C mit sich anschließendem zweimonatigen Aufenthalt im Kühlschrank bei 3 °C.

Die Freilandterrarien für Schlangen von Helmut KREYERHOFF sind nicht nur aus Sicht der darin gehaltenen Schlangen eine Augenweide, sondern fügen sich auch sehr harmonisch in das Konzept eines modernen Landschaftsgartens ein, sind unauffällig und herausragend zugleich. Diese Kunstwerke der Freilandterraristik wären für jeden Werbeprospekt für Schlangenfreianlagen eine Zierde. Man darf sich schon auf die Freilandterrarien vier bis zehn freuen!

Weitere Informationen sind nachzulesen in:
KREYERHOFF (2002a–c)

Größe: Doppelanlage: 3 x 1,5 m / 4,5 m²,
Texasanlage: 3 x 1,5 m
Fundament: Doppelanlage: Betonsteine/Beton;
Texasanlage: 22-mm-Siebdruckplatten
Umrandung: Klinkersteine, 8-mm-Glas
Prädatorenschutz: Gummierter Maschendraht
Überwinterung: –
Künstliche Wärmequellen: –
Gehaltene Arten: *Thamnophis m. marcianus, T. radix, T. sirtalis parietalis, T. s. sirtalis, T. s. sirtalis* „Florida blue"

Jahrzehntelange Erfahrung – Freilandterrarium von Gerhard Hallmann

Dieses 1970 erbaute Freilandterrarium ist mit 30 m² eine vergleichsweise große Privatanlage. Die Umrandung besteht aus Wellplastik, wie es im Gartenfachhandel erhältlich ist. Das Material ist 150 cm breit. Davon sind 75 cm im Boden in ein Kiesbett eingelassen und 75 cm bilden oberirdisch den Abschluss des Freiterrariums. Lediglich am hinteren Ende der Anlage ist die Umrandung zum Nachbargrundstück um 1 m erhöht. Dort ist sie an die Betonpfeiler des bereits vorhandenen Gartenzaunes angelehnt. Ansonsten besitzt die Umrandung keine weiteren Stützen, die durch Verankerung im Boden zusätzliche Stabilität bringen könnten. Dafür ist auf die Oberkante des Materials rings um die Anlage ein spezielles, ebenfalls im Fachhandel erhältliches U-Profil aus Aluminium aufgebracht. Es stabilisiert das Wellplastik so gut, dass man sich bequem auf der Umrandung abstützen kann. Im Laufe von über 30 Jahren hat die Anlage mit dieser Umrandung schon so manchen Sturm überstanden. Als zusätzlicher Schutz vor Ausbrüchen besonders junger Schlangen ist eine ca. 10 cm breite Abweiskante aus Aluminiumblech an dem stabilisierenden U-Profil der Umrandung nach innen weisend verschraubt. Das Blech ist der besseren Stabilität wegen in Z-Form gebogen. Von außen ist die Umrandung aus ästhe-

Innenansicht der Anlage aus Well-Plastik unmittelbar nach der Fertigstellung 1972 Foto: G. Hallmann

Großzügiges Freilandterrarium für Ringelnattern Foto: G. Hallmann

tischen Gründen mit Wildem Wein (*Parthenocissus* sp.) und Efeu (*Hedera helix*) bewachsen.

Passend zu den Ringelnattern als Bewohnern des Freilandterrariums ist die Inneneinrichtung als kleine Seenlandschaft angelegt. Ein großer tiefer und zwei kleinere flachere Teiche füllen die Anlage zur Hälfte aus. In ihnen schwimmen zahlreiche Rotfedern, die den Schlangen als Futtervorrat dienen sollen. Herr Hallmann konnte jedoch nie einen Jagderfolg direkt beobachten. Eine Steinmauer erhebt sich aus dem Dickicht und bietet den Schlangen neben zahlreichen Ästen und Wurzeln Unterschlupf und Gelegenheit für Sonnenbäder. An einer von der Sonne beschienenen Stelle des Freilandterrariums ist ein 40 cm hoher Haufen aus Rheinsand aufgeschüttet, der den Schlangen als Ablageplatz für ihre Eier dient. Außerdem wurden schon zahlreiche Gelege unter vier Steinen abgelegt, die sich am Rande des großen Teiches befinden und unter

Heutiger Anblick mit üppiger Vegetation Foto: G. Hallmann

denen es dauerfeucht ist. Die Eier werden entnommen und künstlich inkubiert. Die Überwinterung erfolgt in mehreren Löchern, die über 100 cm tief und mit Schotter aus Dachziegeln aus einem Hausabriss aufgefüllt sind.

An allen vier Ecken der Anlage sind Stahlpfosten von 250 cm Höhe im Boden verankert. An einer Längsseite des Freilandterrariums sind sie so weit zurück versetzt, dass ihre Verbindungslinie das Dach des angrenzenden Treibhauses mit einbezieht. Die Pfosten sind untereinander mit Stahldrähten verbunden, die durch Federn eines alten Bettrostes dauerhaft gespannt werden. Über den Spanndrähten ist ein grün-schwarzes UV-beständiges Nylonnetz mit einer Maschenweite von 2 x 2 cm angebracht, wie es als „Starennetz" im Gartenfachhandel erhältlich ist. Am Standort schützt es in erster Linie vor Katzen, Eichhörnchen, Fuchs, Steinmarder und Vögeln wie Reiher, Krähe, Elster und Amsel. An drei Seiten ist es direkt an dem die Umrandung stabilisierenden U-Profil fest verankert. An der Seite zum Treibhaus hin steigt es in der Höhe leicht an und überbrückt einen 75 cm breiten Zwischenraum zwischen dem Terrarium und dem Treibhaus. Dieser Laufgang ist demzufolge mit in das Netz einbezogen, und von dort aus kann innerhalb des Netzes gut beobachtet werden. Um in diesen Zwischenraum zu gelangen, befindet sich auf einer Höhe von 250 cm ein Reißverschluss, wie er für Campingzelte üblich ist. Am Boden ist das Netz über Gardinenrollen in Gardinenschienen fixiert, sodass der Eingang über den Reißverschluss geöffnet und über die Rollen 1 m zur Seite verschoben und damit geöffnet werden kann. Das Netz nimmt kein Wasser an, nur bei Schneelast sammelt sich auf der großen Fläche ein immenses Gewicht, das in einem Winter dafür sorgte, dass einer der Stahlpfosten aus der Verankerung brach und umkippte.

In dem großzügig angelegten Freilandterrarium sind sieben Ringelnattern beheimatet. Alle Tiere zeigen sich sehr zahm und lassen sich bereitwillig individuell füttern.

Die Anlage ist ein schönes Beispiel dafür, dass auch mit Wellplastik gebaute Freilandterrarien über viele Jahrzehnte Bestand haben können. Eine Auswilderung von Zauneidechsen-Nachzuchten ist mit amtlicher Erlaubnis und fachlicher Begleitung geplant.

Größe: 6 x 5 m
Fundament: Kiesbett
Umrandung: Glasfaserverstärktes Wellplastik
Prädatorenschutz: dünnes Nylonnetz hoch über Terrarium, von innen begehbar
Überwinterung: mehrere über 100 cm tiefe Löcher, mit Schutt von Dachziegeln verfüllt
Künstliche Wärmequellen: –
Gehaltene Arten: *Natrix natrix*

Der Frost macht die Käfigkonstruktion des Netzes um die Anlage sichtbar. Foto: G. Hallmann

Fenstergucker – Freilandterrarien von Gerd Vogelmann & Kerstin Beigang

Von sechs Freilandterrarien desselben Bautyps sind drei Anlagen den Schlangen vorbehalten. Auf 48, 16 und 6 m^2 sind hier zahlreiche Arten ganzjährig untergebracht. Die Anlagen stehen auf massiven Betonfundamenten einer Tiefe von 150 cm. Grund für dieses starke Fundament sind die am Standort leider sehr häufigen Wühlmäuse. In die Fundamente sind in regelmäßigen Abständen T-Eisen einer Höhe von ca. 200 cm einbetoniert. Diese tragen die Terrarienwände. Sie werden aus einem bunten Mosaik von alten Fenstern gebildet. Ob Einfachglasscheiben, Doppelglasfenster oder Isolierglas, ob lackierte Holzrahmen oder unbehandelte, alle werden bis auf eine Höhe von 200 bis 220 cm eingepasst und an den T-Trägern verschraubt. Die Abdeckung nach oben bildet ein Maschendrahtzaun. Alle Freiterrarien sind durch zu öffnende Fenster entsprechend leicht begehbar. Nur in einem der Terrarien ist eine Umrandung aus Eternit bis zu einer Höhe von 100 cm zu finden, an die sich oberhalb für weitere 100 cm das gewohnte Bild aus Fenstern anschließt.

Die Gestaltung der Freilandterrarien im Innenraum ist sehr naturnah. Teiche mit dichter Verkrautung sorgen für einen gut verwachsenen Bodengrund. Steine und Wurzeln ragen wie Inseln als Sonnenplätze aus einem grünen Meer heraus. Den in den letzen zehn Jahren mit heimischen Kräutern zugewachsenen Terrarien sieht man ihre ursprünglich künstliche Bepflanzung kaum mehr an. Die bei der Einrichtung gepflanzten Latschenkiefern (*Pinus mugo*), Schilfe, Seerosen und diversen Wasserpflanzen sind zusammen mit wild angesiedelten Gräsern und Kräutern zu einem harmonischen und intakten Stück Natur verwachsen. Eine Begehung muss entsprechend vorsichtig erfolgen. Zur Überwinterung sind in jeder Anlage 150 cm tiefe und 2 x 1 m breite Mulden ausgehoben, die mit Steinen aufgefüllt sind. Künstliche Wärmequellen gibt es nicht.

Die Fütterung erfolgt mit aufgetauten Stinten (*Osmerus eperlanus*). In den Teichen befinden sich keinerlei Futterfische. In den Anlagen werden vier Arten von Strumpfbandnattern der Gattung

Bei der Höhe der Scheiben ist eine gute Durchlüftung von oben wichtig.

Zugang zum Innenbereich der Anlage Fotos: M. Hallmen

Die Innengestaltung ist sehr naturnah. Foto: M. Hallmen

Thamnophis sowie zwei Arten der Gattung *Natrix* in unterschiedlichen Vergesellschaftungen gehalten. Einige der Tiere vermehren sich regelmäßig in den Anlagen. Das Herausfangen der Schlangen ist aufgrund der z. T. üppigen Vegetation nicht immer möglich.

Das Arbeiten der Fensterrahmen bringt es über viele Jahre mit sich, dass z. B. Lacke abplatzen, Risse entstehen oder eng aneinander gepasste Fenster kleine Spalten freigeben. Somit entstehen für die Schlangen Trittstufen nach oben oder direkte Ausgänge durch die Umrandungen. Ein Entweichen von Schlangen ist nur durch regelmäßige Kontrolle der Schwachstellen und entsprechende Reparaturarbeiten zu verhindern.

Das bunte und spontane Erscheinungsbild der Freilandterrarien soll nicht über die naturähnlichen Schlangenbiotope im Innern der Anlagen hinwegtäuschen. Unzählige Nachzuchterfolge von Gerd Vogelmann belegen die Wertschätzung, die die Schlangen seinen Anlagen entgegenbringen.

Freilandterrarien für Schlangen aus alten Glasfenstern
Foto: M. Hallmen

Größe: 8 x 6 m, 4 x 4 m, 4 x 1,5 m
Fundament: Beton, 150 cm tief
Umrandung: Alte Fenster aller Sorten, Eternit
Prädatorenschutz: Fester Gartenzaun, über die Anlagen gespannt
Überwinterung: Mulden von 2 x 1 m und 150 cm Tiefe, mit Steinen aufgefüllt
Künstliche Wärmequellen: –
Gehaltene Arten: *Natrix maura, N. natrix, Thamnophis marcianus, T. radix, T. sirtalis parietalis, T. s. sirtalis*

Originalität in Holz und Glas – Freilandterrarien von Karsten Zöllner

Man merkt es den Freilandterrarien im positivsten Sinne an: Ihr Erbauer ist gelernter Tischler. Das Material seiner Wahl ist Holz, vorwiegend Siebdruckplatten. Beide Anlagen sind in Gestaltung und Funktion Unikate. Auf dem Dach der Garage befindet sich ein Freilandterrarium mit der Grundfläche von 14,4 m². Obwohl die Gesamtfläche der Garage 27,5 m² beträgt, wirkt die Anlage dennoch „dachfüllend“, denn ein Zugang und ein Sicherheitsabstand von 1 m zum Dachrand werden optisch von der Anlage verdrängt. Von drei Seiten wird das Terrarium mit Siebdruckplatten von 85 cm Höhe begrenzt. Damit sie von der Straßenseite nicht so auffallen, sind sie mit einer Schilfmatte kaschiert. Der Anblick der Anlage auf dem Dach ist für Außenstehende dadurch äußerst unauffällig. Die Siebdruckplatten sind auf einem 30 cm breiten Brett desselben Materials rechtwinklig verschraubt. Das Brett ruht als Fuß auf dem Dach der Garage. Den Abschluss der drei Holzwände nach oben bildet eine Umrandung aus dem gleichen witterungsbeständigen Holz. Sie ist in diesem Fall keine Abweiskante für Schlangen, sondern dient vorrangig der Stabilität der Wandkonstruktion. Außerdem verleiht sie dem Terrarium optisch einen massiveren Eindruck. Der obere Holzumlauf ist mit den Wänden verschraubt und mit Winkeln zusätzlich fixiert. Die beiden längsten Wände sind mittig so unterbrochen, dass sich zwischen ihnen ein ca. 2 cm breiter Spalt bildet. Der Spalt ist mit einem dün-

Ein unauffälliges Garagendach Foto: M. Hallmen

Einzigartiges „Kunstwerk“ auf dem Garagendach Foto: M. Hallmen

neren Holzbrett kaschiert. Dies ist quasi als Dehnungsfuge gedacht, damit das Material auf der doch erheblichen Länge der Holzwände (bis zu 5 m) arbeiten kann. Die Wände sind von innen mit einem zeitlosen Muster bemalt, damit die Beschmutzung der Wände bei Regen durch hochspritzende Erde nicht so auffällt. Die dem eigenen Grundstück zugewandte Seite ist mit einer Glasfront versehen. Aufgrund der auf dem Garagendach zuweilen heftigen Winde ist 6-mm-Sicherheitsglas verarbeitet. Die Front ist in der Mitte durch eine begehbare quadratische Ausbuchtung von ca. 1,5 m^2 unterbrochen, die in das Terrarium zeigt. So kann der Beobachter quasi in das Terrarium hineinlaufen. Außerdem wird durch die winklige Verbindung der Glasscheiben untereinander deren Halt erhöht; aufgrund des mangelnden Fundamentes ein wichtiger Gesichtspunkt. Durch die unregelmäßigen Winkel der Anlage und die Einbuchtung ist es jederzeit möglich, Teile der Anlage durch weitere Wände aus Siebdruckplatten abzugrenzen und je nach Bedarf einzelne Arten darin separat zu halten.

Steinhaufen und Wurzelwerk als Unterschlupf für die Schlangen Foto: M. Hallmen

Die gesamte Anlage steht frei auf dem Dach, d. h. sie ist an keinem einzigen Punkt fest mit diesem verbunden. Ansonsten hätten sich Punkte ergeben, die sekundär hätten abgedichtet werden müssen. Aus Erfahrung werden diese Stellen in puncto Dichtigkeit schnell zu Schwachstellen des gesamten Daches. Beim Bau ergab sich die Schwierigkeit, dass das Dach unterschiedlich abschüssig zur Garagenmitte hin abfällt. Daher musste das quer liegende Bodenbrett mit Styropor ausgeglichen werden. In die Zwischenräume wurden dünne Hohlkammerprofile aus Aluminium eingebaut, damit unter den Außenwänden des Terrariums Wasser abfließen konnte. Der Abfluss des Garagendaches befindet sich direkt in der Mitte des Freilandterrariums. Die restlichen Hohlräume unter dem Querbrett als Fuß der Außenwände wurden mit Bauschaum ausgespritzt. Auf eine Abdeckung der Anlage wurde wegen der zahlreichen Hunde in Hof und Garten verzichtet. Mit Rabenvögeln oder ähnlichen Beutegreifern liegen bislang noch keine negativen Erfahrungen vor.

Grundlage für die Inneneinrichtung einschließlich Bepflanzung ist die Abdeckung des gesamten Garagendaches mit einer Teichfolie. Sie ist im Vergleich mit z. B. Dachpappe oder Bitumen wurzelfest. Eine weitere Vorgabe für die Inneneinrichtung ist die über alle Teile des Daches einschließlich der gesamten Freianlage verteilte und zur Entwässerung absolut notwendige Kiesschicht von 2–5 cm. Außerdem durfte die Traglast des Daches keinesfalls über Gebühr strapaziert werden. Daher wurde mit Erde sehr sparsam umgegangen. Es sind unterschiedliche Substrate wie Mutterboden, Torf, Lehm u. Ä. aufgetragen. Ein Erdhügel von ca. 50 cm Höhe enthält den nur ca. 35 cm tiefen kleinen Teich der Anlage. Die Vegetation ist mit diversen *Erica*-Arten einer Heidelandschaft nachempfunden, die während der Sommermonate auch „Dürreperioden" überdauert. Dennoch ist die Anlage besonders dann häufiger zu gießen. Für kühle und windige Tage im Frühjahr und Herbst ist ein kleines Häuschen aus Plexiglas eingebaut, in das die Schlangen durch einige Schlupflöcher bei Bedarf jederzeit ein- und aus-

Doppelanlage: Außenteil (oben) und Innenteil (unten) Fotos: M. Hallmen

kriechen können. Ein Überwinterungsquartier ist nicht vorhanden.

Die Anlage ist mit verschiedenen Vertretern europäischer *Natrix*-Arten sowie nordamerikanischen Strumpfbandnattern der Gattung *Thamnophis* besetzt. Außerdem liegen Erfahrungen mit der Diamantwassernatter (*Nerodia rhombifera*) vor.

Die Garage ist nur über eine angelehnte Aluminiumleiter zu erreichen. Sie wird in Abwesenheit des Betreuers für Kinder verschlossen bzw. gesichert. Dieser provisorisch anmutende Zugang wird auch in Zukunft erhalten bleiben, da die Anlage laut Auskunft der Behörden mit einem fest installierten Zugang genehmigungspflichtig geworden wäre. Als zusätzliche Sicherheitsmaßnahme wurde im Bereich des Zugangs der Anlage auf dem Dach ein Geländer an der Dachkante installiert. Die Materialkosten dieser Anlage schätzt ihr Erbauer auf ca. 1.000,- €.

Die Garage ist keine Fertiggarage. Sie wurde in Eigenbau sehr massiv errichtet. Unter dem Dach verläuft eine Mauer, die das hohe Gewicht zusätzlich abfängt. Aus der Erdaufschüttung von ca. 2 m^3 und den 2 t Kies als Drainageschicht ergibt sich in trockenem Zustand bereits eine Dachlast von über 4 t! Ich möchte daher ausdrücklich darauf hinweisen, dass ein solches Projekt auf dem Dach einer Fertiggarage nicht durchführbar ist! Bei ähnlichen Vorhaben ist unbedingt die Einschätzung eines Statikers einzuholen.

Gleich neben der Garage befindet sich im Eingangsbereich des Hauses eine weitere Perle unter den Freilandterrarien für Schlangen. Zunächst sieht die hier platzierte Außenanlage von 2,5 x 1,5 m aus wie ein „gewöhnliches" Außenterrarium. Die Hinterwand und die beiden Seitenwände bestehen aus 90 cm hohen Siebdruckplatten, die miteinander verschraubt sind. Die Rückfront ist über Abstandshalter an vier Stellen an der Hauswand fixiert. Die Forderfront besteht aus Glas. Als Fundament dienen 20 mm starke und 40 cm tief in den Boden eingelassene Siebdruckplatten. Ihre Oberkante ist so ausgefräst, dass Glasplatten bzw. die dünneren Holzplatten im Holzfundament ruhen. Zwischen beiden Elementen befindet sich an zahlreichen Stellen Unterlegband. Die Lücken sind mit Silikon ausgespritzt. Dadurch entseht eine lose Verbindung von Fundament und Wänden, was eventuelle Ausdehnungen der Materialien ausgleicht. Der Innenraum ist mit einem kleinen Teich und allerlei Pflanzen, Wurzeln und Steinen versehen. Alles in allem ein „normaler" Anblick. Aber ein mit Steinen schön verziertes Loch im Boden führt nicht etwa zu einem Überwinterungsquartier, es bildet vielmehr den Eingang zu einem Schacht, der die Außenanlage mit einem Innenterrarium verbindet. Man kann praktisch nicht mehr erkennen, dass das Terrarium z. T. auf einem ehemaligen Kellerschacht steht, der mit einem Fenster seinen Abschluss an der Hauswand fand. Das Kellerfenster wurde entfernt und in das Loch ein Schacht aus Siebdruckplatten eingepasst. Die Schleuse zum Innenterrarium hat die Maße 40 x 40 x 30 cm (L x H x B). Der Verbindungsschacht verläuft mit leichtem Gefälle nach unten. Daher ist er im Inneren stufig angelegt, sodass ihn die Schlangen ohne Probleme überwinden können. Der Höhenunterschied vom Boden des Außenterrariums zum Boden der Innenanlage beträgt ca. 30 cm. Das sich anschließende Innenterrarium befindet sich an der Decke eines ständig beheizten Terrarienraumes im Kellergeschoss. Es hat die Maße 170 x 40 x 55 cm (L x B x H). Es ist wie ein Zimmerterrarium eingerichtet und verfügt über Versteckmöglichkeiten, einen Wasserbehälter sowie eine 20-W-Leuchtstoffröhre, die gemeinsam mit der Zimmertemperatur für eine moderate Beheizung des Behälters sorgt. Die in der kombinierten Anlage befindlichen Schlangen der Gattungen *Natrix*, *Nerodia* und *Thamnophis* nutzen die Verbindung reichlich. Langjährige Erfahrungen mit dieser Art der Schlangenhaltung stehen hier zwar noch aus, doch die bisherigen Erfahrungen sind sehr positiv.

Die Anlagen von Karsten Zöllner sind nicht nur originell im Design und für die Schlangen multifunktional, vielmehr ist ihre Bauweise mit Holz bei aller Professionalität dennoch auch für jeden Heimwerker eine echte und sehr flexibel zu handhabende Alternative z. B. zur Bauweise mit Beton oder Stein. Halten werden diese Anlagen dennoch „eine Ewigkeit".

Weitere Informationen sind nachzulesen in: Zöllner (2002)

Größe: Dachanlage: 14,5 m^2 / Kombianlage: 2,5 x 1,5 m
Fundament: Dachanlage: – / Kombianlage: Siebdruckplatten, 40 cm tief
Umrandung: Siebdruckplatten und Glas
Prädatorenschutz: -
Überwinterung: Dachanlage: - / Kombianlage: Im Innenterrarium
Künstliche Wärmequellen: Dachanlage: - / Kombianlage: Innen 20-W-Röhre + Raumwärme
Gehaltene Arten: Dachanlage: *Natrix maura, N. natrix, Nerodia rhombifera, Thamnophis cyrtopsis, T. elegans vagrans, T. sirtalis parietalis, T. marcianus*, Kombianlage: *N. maura, N. natrix, Nerodia fasciata, Thamnophis radix*

Nah am Wasser gebaut – Freilandterrarium von Aart van Wijk

Das Freilandterrarium ist malerisch direkt an einem jener unzähligen holländischen Kanäle gelegen. Daraus ergeben sich gewisse Besonderheiten, die alle auf den dauerfeuchten Boden zurückzuführen sind. Die Anlage besitzt kein Fundament aus Beton. Die Umrandung geht nur wenige Zentimeter in den Boden und wird dort von in den Boden gelegten Pflastersteinen fixiert. In den Boden sind im Abstand von 1 m eiserne Träger getrieben, die in Mannshöhe jeweils durch Querstreben über die ganze Anlage hinweg verbunden sind. So entstehen fünf Rahmen, an denen die gesamte Anlage befestigt ist. Die Umrandung bildet ein ca. 60 cm hohes, sehr engmaschiges Eisengeflecht. Im Boden ist es zusätzlich an jedem Eisenträger befestigt. An seinem oberen Ende ist es ca. 15 cm nach innen umgebogen und bildet so eine Abweiskante. Im Anschluss an das Umrandungseisen schließt dicht ein weiteres Eisengeflecht mit einer gröberen Maschenweite als Prädatorenschutz an. Es ist über die ganze Anlage gezogen, sodass ein kompletter Drahtkäfig entsteht. An den beiden kurzen Stirnseiten ist der Umrandungsdraht durch Scheiben aus Plexiglas ersetzt. Der Zugang ist durch eine kleine Holztür möglich.

Im Inneren des Freilandterrariums sind an den Rändern über viele Quadratmeter Pflastersteine in den Boden eingelassen. Das hält den Boden über weite Flächen nahezu frei von Vegetation und absorbiert die Wärme besser für die darin befindlichen Schlangen. Einen ähnlichen Effekt haben die auf die Erde gelegten Dachziegel, die vom Hausbau übrig waren. Eine Ansammlung von Knüppelholz sowie einige Wurzeln sind zusätzliche Versteckmöglichkeiten für die Schlangen. An einer Stelle der Anlage ist der Boden ausgehoben und mit leichterem Erdmaterial aufgefüllt. Hierin befinden sich eine Heizschleife zum

Malerisch gelegenes Freilandterrarium für Würfelnattern Foto: M. Hallmen

Abweiskante aus Metallgaze und Drahtkäfig
Foto: M. Hallmen

Glasscheiben an einer Frontseite erlauben ungestörte Einblicke. Foto: M. Hallmen

Erwärmen des Bodens und eine Glasplatte als weiterer Wärmespender. Diese Stelle ist zur Eiablage vorgesehen.

Anfänglich bezog die Anlage eine Bucht mit einem Teil des Uferbereiches des Kanals mit ein und endete im Wasser. Leider stellte sich alsbald heraus, dass diese Stelle nicht schlangendicht zu verschließen war. Daher musste die Anlage komplett an Land verlegt und ein kleiner Teich künstlich eingerichtet werden. Er gibt sein überschüssiges Wasser jedoch in besagte Kanalbucht ab. Kleine Futterfische dienen den gehaltenen Schlangen als Futtervorrat.

Aufgrund des sehr feuchten Untergrundes befindet sich das Überwinterungsquartier außerhalb der Anlage in einem Hang unmittelbar neben dem Terrarium. Ein ca. 3 m langes Drainagerohr verbindet das Einschlupfloch im Innenraum unterirdisch mit einer 65 cm tief eingegrabenen Holzkiste, die mit wärmedämmenden Materialien aufgefüllt ist.

Die Anlage direkt am Ufer eines Kanals ist wie geschaffen für die Haltung von Würfelnattern. Sie ist nahezu identisch mit dem natürlichen Biotop und seit dem Jahr 2000 in Betrieb. Wie sich der Eisendraht auf Dauer in dem feuchten Umfeld bewähren wird, muss sich erst noch erweisen.

Weitere Informationen sind nachzulesen in:
VAN WIJK (2001)

Größe: 5 x 2,5 m
Fundament: –
Umrandung: engmaschiges Eisengeflecht
Prädatorenschutz: grobmaschiger Draht über Eisengerüst
Überwinterung: Quartier im Boden außerhalb der Anlage
Künstliche Wärmequellen: Heizschleife im Boden an einer Stelle zur Eiablage
Gehaltene Arten: *Natrix tessellata*

Überdachtes Eigenheim – Freilandterrarien von Ralf Seemann

Es handelt sich um zwei klassische Außenanlagen von jeweils 10 m^2. Die Umrandung bildet ein 1 m hohes Mauerwerk aus Betonsteinen, das 30 cm tief in den Boden ragt. Der Betonstein ist innen mit einem Teeranstrich versehen. Die Abdeckung besteht aus Lattenrahmen mit darüber verspanntem Maschendraht. Um ein Entweichen an der vergleichsweise rauen Wand zu verhindern, bilden zugeschnittene Stegplatten eine Abweiskante. Die Überwinterung erfolgt in 120 cm tiefen Schächten, die konisch im Erdreich zulaufen und mit Ästen, Laub und Moos angefüllt sind. Im Winter werden die beiden Freilandterrarien manchmal zusätzlich komplett mit Noppenfolie abgedeckt.

Doch das Besondere in Garten vorn Ralf Seemann sind zwei als Freilandterrarium für Schlangen genützte Treibhäuser. Beide sind bei einer Länge von 9 bzw. 3 m ca. 2 m breit. Es handelt sich um handelsübliche Kleingewächshäuser, wie sie der Gartenfachhandel für Privatgärten anbietet. Die Glashäuser sind ca. 50 cm in den Boden eingelassen, wo sie auf einen kleinen Betonsockel als Fundament ruhen. Für alle Tiere sind in den einzelnen Abteilungen (s. u.) jeweils eine kleine Wasserstelle und ein 80–100 cm tiefer, nach unten leicht spitz zulaufender Überwinterungsschacht eingearbeitet. Die Überwinterungsquartiere sind auch hier mit Ästen, Moos und Laub gefüllt. Die Wärme wird mit der Hand über zahlreiche Ausstellfenster in der Decke der Treibhäuser sowie über die Türen geregelt. Gazedraht an den Fenstern und ca. 70 cm hohe Plexiglasscheiben auf dem Boden vor den Türen verhindern das Ausbrechen der Schlangen. Keines der Gewächshäuser wird in nennenswertem Umfang von Bäumen beschattet.

Es gibt zwei grundsätzliche Haltungsmöglichkeiten von Schlangen in den Freilandgewächshäusern von Ralf Seemann: An den Längsseiten befinden sich über ca. zwei Drittel der Länge der Freilandgewächshäuser einzelne „Käfige“. Sie

Eine von mehreren Grubenanlagen. Foto: M. Hallmen

Gewächshausterrarium für „Freilauf-„ und „Käfighaltung" von Schlangen Foto: M. Hallmen

Holz und Gaze bilden Unterteilungen innerhalb des Gewächshauses. Foto: M. Hallmen

sind als Rahmenkonstruktionen aus Kanthölzern entworfen, deren Seitenteile, Decken und Frontseiten mit Gazedraht verkleidet sind. Sie sind jeweils 1 m breit, ca. 70 cm tief und 1,90 m hoch. Im Frontbereich eines jeden „Käfigs" befindet sich eine großzügige Tür, die ein bequemes Arbeiten in den einzelnen Abteilen erlaubt. Jeder in sich geschlossene Bereich verfügt wiederum über einen Wasserteil. Damit die Schlangen die Höhe der Abteilungen auch ausnützen können, sind in regelmäßigen Abständen Querbretter eingebaut, die über schräg verlaufende Äste miteinander verbunden sind. Alle Schlangen können diese Stufen mühelos nutzen, wodurch ihnen der ganze Raum des „Käfigs" zur Verfügung steht. In den einzelnen Abteilungen erfolgt die Haltung nach Arten/Unterarten getrennt. Zwischen den sich gegenüberliegenden Reihen einzelner Abteile befindet sich ein schmaler Laufweg, in dem man der Länge nach durch das gesamte Gewächshaus gehen kann.

Ein Drittel der Fläche eines jeden Treibhauses ist frei von zusätzlichen Behältnissen. Hier sowie im Laufgang, aber auch auf den „Käfigen" und auf den Lampen mit Leuchtstoffröhren ist Freiraum für weitere Schlangen. Über zahlreiche Äste und kleinere Baumstämme können sie frei in allen Höhenlagen des Terrariums umherkriechen. Auch im Freiteil der Gewächshäuser finden sich eine Wasserstelle sowie ein tiefer Überwinterungsschacht. Gazedraht vor den Dachfenstern sowie ca. 70 cm hohe Plexiglasscheiben auf dem Boden vor den Türen des Gewächshauses verhindern ein Entkommen der Tiere.

Alle Schlangen verbleiben ganzjährig in den Gewächshäusern. Zur Überwinterung stehen 80–100 cm tiefe, nach unten spitz zulaufende Schächte zur Verfügung, die auch regelmäßig in Anspruch genommen werden. Dies ist auch notwendig, da in den Treibhäusern im Winter die Wasserstellen zufrieren können und der Frost bis unter -10 °C betragen kann. In der Regel ist die

Temperatur der Gewächshäuser im Winter in der Regel nur 2–3 °C höher als die der Umgebung.

In den Anlagen wird ein breites Spektrum an Schlangen ganzjährig im Freien gehalten. Überwiegend beherbergen sie verschiedenste Arten der Gattungen *Elaphe, Natrix, Nerodia* und *Thamnophis*. Alle Arten stammen aus den kühlen bis gemäßigten Regionen bzw. Gebirgsregionen.

Meiner Meinung nach ist die ganzjährige Haltung von Schlangen in einem Freilandgewächshaus eine unbedingt erwähnenswerte Alternative zu Freianlagen oder zur Zimmerhaltung. Die Tiere fühlen sich bei dieser Haltung ausnehmend wohl und zeigen sich sehr vermehrungsfreudig. Es ist eine faszinierende Erfahrung, sich im Treibhaus inmitten „freilaufender" Schlangen zu bewegen. Für einen eingefleischten Terrarianer, der seine Lieblinge ansonsten meist nur durch Glas sieht, ist dies ein prickelndes Gefühl. Wenn die Tiere z. B. auf den separaten Holzkäfigen auf Gesichtshöhe liegen und man sie Auge in Auge mit nur wenig Abstand ohne trennendes Glas beobachten – und fotografieren! – kann, so ist dies sicherlich ein terraristisches Highlight. Wer Platz für eine solche Anlage hat, dem sei diese Form der Haltung unbedingt empfohlen!

Weitere Informationen sind nachzulesen in:
HALLMEN (2001c)

Größe: 2,5 x 4m, Gewächshäuser: 9 und 3m x 2m
Fundament: Mauerwerk, 30 cm tief
Umrandung: Mauerwerk mit Teeranstrich, Abweiskante aus Stegplatten
Prädatorenschutz: je 2 Holzrahmen, mit Draht bespannt
Überwinterung: Überwinterungsschacht, 80–100 cm tief
Künstliche Wärmequellen: –
Gehaltene Arten: *Elapho bimaculata, E. climacophora, E. dione, E. vulpina, E. longissima, E. schrenkii, E. situla, Natrix maura, N. natrix* (diverse Formen), *N. tessellata, Nerodia fasciata, Thamnophis elegans vagrans, T. eques megalops, T. marcianus, T. ordinoides, T. radix, T. sauritus, T. sirtalis parietalis, T. s. sirtalis, T. s. sirtalis* „Florida blue" (nur im Sommer).

Im Rest des Raumes sind zahlreiche Schlangen „frei" unterwegs. Foto: M. Hallmen

Öffentliche Anlagen

War die Auswahl der privaten Beispielanlagen bereits eine rein subjektive Auswahl an Freilandterrarien für Schlangen, so gilt dies auch und in besonderem Maße für die im Folgenden aufgeführten Beispiele öffentlicher Anlagen. Aus der Tatsache, dass einige öffentliche Freilandterrarien hier nicht genannt werden, darf ausdrücklich nicht auf deren Qualität rückgeschlossen werden. Vielmehr sind mir einige Anlagen sicherlich nicht bekannt geworden, und von den mir bekannten konnte ich längst nicht alle besuchen.

Freilandaquarium & Terrarium Stein bei Nürnberg

Da die Anfänge der heute zu sehenden Anlagen seinerzeit eine Art „Freilandbewegung" in Gang setzten, erlaube ich mir an dieser Stelle, einen kurzen, aber hoffentlich nicht uninteressanten Abriss der Historie dieser Anlage wiederzugeben. Im Jahre 1906 wurde die Naturhistorische Gesellschaft Nürnberg (NHG) gegründet. Bereits 1911 war der Gedanke einer Terraristik im Freien so verankert, dass die NHG als erster Verein Deutschlands im Hof des Luitpoldhauses zwei Freilandterrarien von je 16 m² einrichtete. Nach dem 1. Weltkrieg wollte man sich in Sachen Freilandterrarien jedoch erweitern, was an der alten Stelle nicht möglich war. 1925 fand sich im Rednitzgrund in Stein bei Nürnberg ein kleines, von einem Bach, dem Haselgraben, durchflossenes Seitental. Dort konnte ein 4.200 m² großes Grundstück für 2.000,- Reichsmark gekauft werden, das ein Jahr später durch den Ankauf eines angrenzenden Stückes Land auf die heutige Größe von 5.400 m² erweitert wurde. Bis zum Jahr 1933 war das Grundstück mit 19 Tümpeln und Weihern sowie mit 18 kleineren und größeren Aquarien ausgebaut. In dieses Jahr fiel auch die Gründung einer eigenständigen NHG-Abteilung „Freilandaquarium & Terrarium Stein". Das Motto und zugleich das Ziel der Einrichtung wurde schon früh wie folgt benannt: „... in der Anlage, einem gemeinnützigen Werk, werden Wasser- und Sumpfpflanzen gepflegt; besonderes Augenmerk wird auf die einheimischen Fische und die Kleintierwelt gelegt. Die Anlage wird in der Hauptsache auch der Allgemeinheit zum Nutzen sein und der Jugend zu Lehrzwecken dienen. ..." (LIEGEL 1925). Das hat bis heute seine Gültigkeit. In der jüngeren Vergangenheit sind die schweren Sturmschäden 1990 durch den Herbststurm Wiebke zu nennen, der einige alte Bäume entwurzelte und zahlreiche Terrarien zerstörte.

Die heute zu sehenden Aquarien und Freilandterrarien sind alle 15–20 Jahre alt. Sie sind gut ins Grün der Landschaft eingepasst, erlauben aber dennoch auch bei größeren Besuchermassen einen ausreichenden Zugang zu den einzelnen Terrarien. Zwischen diesen sind zahlreiche Bänke so platziert, dass sie zum Verweilen und Betrachten einladen. Alle Terrarien wurden von Mitglie-

Freilandterrarien aus Betonringen aus dem Jahr 1934
Foto: G. Schirmer

Freilandterrarien von 1952 Foto: G. Schirmer

Eines der heutigen Modelle mit Betonsockel Foto: M. Hallmen

dern des Vereins in Eigenarbeit erbaut. Sie weisen den gleichen Grundbauplan auf. Von den über 20 Freilandterrarien des Geländes sind sieben mit Schlangen besetzt. Die Freilandterrarien stehen auf einem ca. 60 cm hohen Sockel. Er ist gekachelt und enthält die wenige Technik der Anlagen wie z. B. Zu- und Abfluss des Wassers sowie die Stromversorgung. Hier ist jedoch kein Überwinterungsquartier eingebaut. Die Sockelkonstruktion gibt den Anlagen für Erwachsene wie für Kinder eine angenehme Höhe für Beobachtungen. Auch für die Arbeiten innerhalb der Terrarien wirkt sie sich günstig aus. Vorder- und Rückfront der Freilandterrarien sind aus Glas. Die Seitenteile bestehen halb aus Glas und zur anderen Hälfte aus verzinktem Drahtgitter, das in ebenfalls verzinkte Metallrahmen eingeschweißt ist. Oben wird jedes Terrarium durch ein ebensolches Gitter begrenzt, sodass die Anlagen vor Überhitzung geschützt sind. Der Zugang für die Betreuer erfolgt über eine Tür aus Drahtgitter im seitlichen Teil, die mit einem Vorhängeschloss gut gesichert ist. Die Form der einzelnen Freiterrarien variiert zwischen quadratisch, rechteckig und sechseckig. Jedes Freilandterrarium weist eine eigene Beschriftung auf. Außerdem erleichtert ein Übersichtsplan die Orientierung. Auf ihm wird auch ein Rundgang anhand von Terrariennummern vorgeschlagen.

Der Innenraum der Freilandterrarien ist bei fast allen leicht ansteigend angelegt. Das verleiht den Terrarien optisch eine angenehme Tiefe. In jeder Anlage finden sich naturgetreue Biotopausschnitte der jeweiligen Bewohner. Daraus ergibt sich ein breites Spektrum aus Mosaiksteinen unserer Landschaft. So sehen wir z. B. in der Anlage für die Ringelnattern den Ausschnitt einer nahezu gänzlich grünen Feuchtwiese. Bei den Kreuzottern hingegen erhebt sich eine felsige Gebirgslandschaft mit schütterer Vegetation. Apropos Vegetation: Hier lohnt ein genauer Blick, denn nach Möglichkeit sind auch die verwendeten Pflanzenarten zum Biotop passend. Hier steckt viel Liebe im Detail. Verstecke und Schlupflöcher finden sich zwar ausreichend in den Anlagen, aber dennoch sind bei schönem Wetter in fast allen Tiere zu sehen. Die in beinahe allen Terrarien eingebauten Lampen sind nur im Frühjahr und Herbst während der Übergangszeit in Betrieb. Die Fütterung der Schlangen erfolgt mit lebenden Mäusen und Fischen. In einem separaten Wirtschaftsgebäude befindet sich zu diesem Zweck eine eigene Zucht für Futtermäuse.

Die Überwinterung der Schlangen findet außerhalb der Freilandterrarien statt. Etwas abseits der Besucherwege ist auf dem Gelände im angrenzenden Buchenmischwald eine Grube mit den Maßen 2 x 1 m und einer Tiefe von 150 cm ausgehoben. Die Wände sind einsturzsicher gemauert und verputzt. Zwei Deckel aus Metall samt Fassung sind in das Mauerwerk so eingelassen, dass die Deckel dicht schließen. Die Schlangen werden im Herbst aus den Freilandterrarien entnommen, in Leinensäcke ausbruchsicher verpackt, und so auf den Boden der Grube gelegt. Der Rest wird mit Laub aufgefüllt und die Grube verschlossen. Verluste bei dieser Art der Überwinterung sind sehr selten.

Das Freilandaquarium & Terrarium Stein ist ganz auf die heimische Fauna spezialisiert. Tropische Tiere wird man vergeblich suchen, jedoch werden alle heimischen Amphibien und Reptilien vorgestellt. Kröten, Frösche, Unken, Molche, Salamander, Eidechsen, die Blindschleiche und die Europäische Sumpfschildkröte: Alle sind sie da und zumeist sogar zu sehen. Auch alle deutschen Schlangenarten werden gezeigt. So haben Ringelnatter, Schlingnatter, Aspisviper, Kreuzotter, Hornotter und Äskulapnatter alle ihr eigenes Freilandterrarium. Die beiden Exemplare der Würfelnatter sind mit einigen Europäischen Sumpfschildkröten vergesellschaftet.

Das Gelände ist parkähnlich angelegt und lockt zum Verweilen. Foto: M. Hallmen

Die 14 ehrenamtlichen Betreuer der beeindruckenden Gesamtanlage unter der Leitung des Obmannes Günter Schirmer nehmen ihre Aufgabe, die Natur dem Städter näher zu bringen, sehr ernst. Pro Jahr führen sie allein 120 Gruppen und Schulklassen über ihr Gelände. Für ihr Engagement in der Umwelterziehung, aber auch für ihre Erfolge bei der Nachzucht der zumeist geschützten Tiere erhielten sie bereits mehrere Auszeichnungen. Nach meinem Besuch im Freilandaquarium & Terrarium Stein bei Nürnberg stimme ich dem Urteil von WÖLFEL (2001) gerne ohne Einschränkung und ausdrücklich zu, dass es sich bei den beschriebenen Freilandterrarien deutschland-, wenn nicht europaweit um eine wirklich einmalige Gesamtanlage handelt. Hier sind Künstler und Könner der Freilandterraristik am Werk, die jedes einzelne Terrarium zu einem wirklichen Gesamterlebnis werden lassen. Sie geben ihre Erfahrungen auch gerne an Interessierte weiter. Ein Besuch ist nicht nur für Freunde von Freilandterrarien unbedingt lohnend! Für angehende Erbauer eines Freilandterrariums ist ein Besuch fast schon Pflicht!

Anschrift: Freilandaquarium & Terrarium Stein bei Nürnberg, Heuweg 16, 90547 Stein, Telefon: +49-911-227970 (Sekretariat der NHG).
Öffnungszeiten: 1. Mai bis 30. September an Wochenenden und Feiertagen von 9–18 Uhr.

Weitere Informationen sind nachzulesen in: Naturhistorische Gesellschaft Nürnberg (2001), SCHIRMER (2001), WÖLFEL (2001).

Größe: 1 x 1 m bis 2 x 2 m, 7 Terrarien
Fundament: Betonsockel, 60 cm hoch
Umrandung: Glas, verzinktes Metallgitter
Prädatorenschutz: Anlagen rundum geschlossen
Überwinterung: Außerhalb der Terrarien in einer Erdgrube
Künstliche Wärmequellen: Lampen im Frühjahr und Herbst
Gehaltene Arten: *Coronella austricaca, Elaphe longissima, Natrix natrix, N. tessellata, Vipera ammodytes, V. aspis, V. berus*

Alpenzoo Innsbruck

Der Alpenzoo ist am Rande der nördlichen Gebirgskette am Stadtrand von Innsbruck gelegen. Er bietet seinen Besuchern eine breite Auswahl an Tieren der gesamten Alpenregion. Dabei vergisst man als mitteleuropäischer Besucher leicht, dass besonders in den südlichen Alpen und im südwestlichen Alpenbogen auch Tiere vorkommen, die nicht in das im Kopf verankerte Schema von an Kälte und Schnee angepassten Hochalpentieren passen. So muten besonders die mediterranen Arten für einen Alpenzoo eher „exotisch" an.

Der Alpenzoo Innsbruck verfügt über sechs Freilandterrarien für Reptilien. Fünf von ihnen finden sich oberhalb des Eingangs am südexponierten Hang gelegen. In vier von ihnen werden Schlangen gehalten. Ihre etwas versetzte und leicht ansteigende Lage ist Sinnbild für das Gesamtkonzept der Terrarienanlagen. Sie beherbergen (von unten nach oben) Reptilien der flachen mediterranen, der submediterranen, der kollinen, der montanen und der höchstgelegenen alpinen Zone. Alle fünf Terrarien geben einen Einblick in den jeweiligen Landschaftstyp. Sie tun dies nicht als billige Imitate mit Lack und Pappmaschee, sondern jede der Anlagen ist nicht weniger als ein Kleinod für sich. Ein Sichtfenster von ca. 3 m Länge gewährt dem Besucher einen Einblick in die jeweils ca. 20 m^2 großen Lebensräume von 9 Reptilienarten, darunter sieben Schlangenspezies. Alle Originalbiotope wurden vom Kurator, Herrn Gernot Pechlaner, und seinen Mitarbeitern mehrfach bereist und genauestens studiert. Jedes enthält das passende Originalgestein, die landschaftstypische Vegetation, die eigens aus Ablegern oder Samen gezogen wird, sowie die dazugehörigen Feuchtigkeitsverhältnisse. Für das entsprechend unterschiedliche Mikroklima in den Anlagen sorgt die Abdeckung, die sich aus Gitterflächen und Stegplatten zusammensetzt. Vom heißen mediterranen Terrarium nimmt der Anteil an Stegplatten zur fast gänzlich offenen alpinen Anlage hin kontinuierlich ab. Daraus ergeben sich für Tiere und Pflanzen optimale Klimabedingungen (MARTYS 1996). Innerhalb der Freiterrarien

Die Hanglage geschickt ausgenutzt Foto: M. Hallmen

sorgen wahlweise zuschaltbare und für den Besucher kaum sichtbare Lampen für einen der Gesundheit der Tiere ebenfalls zuträglichen Temperaturgradienten.

Nebenan, im submediterranen Bereich, der mit Perleidechsen (*Lacerta lepida*) besetzt ist, fällt der Blick auf einen mit rotem Muschelkalk modellierten Randbereich eines warmen Bachtales. Hier ist der Einfluss der Wärme im Biotop noch sichtbar. Zwischen Flaumeiche (*Quercus pubescens*), Karthäuser-Nelke (*Dianthus carthusianorum*) und Purpurklee (*Trifolium rubens*) finden sich vier Exemplare der Äskulapnatter und acht Vipernnattern. Hier wie in allen anderen Freianlagen wird der Besucher nicht lange nach einem oder mehreren Tieren suchen müssen. Besonders die Wärme liebenden Schlangen zeigen sich gerne in der Morgensonne.

Das mittlere Terrarium widmet sich der kollinen Stufe, die sich in Höhenlagen von 500 bis maximal 800 m erstreckt. Im Innenraum herrschen runde Formen vor. Flussschotter aller Größen zeigen uns mit einem vorgelagerten Wasserteil und einer Steilwand am hinteren Ende des Terrariums den täuschend echten Nachbau eines Flussufers. In seiner Vegetation, bestehend aus z. B. Lavendelweide, Deutscher Tamariske (*Myricara germanica*), Schilfen und Schachtelhalmen, schlängeln sich vier z. T. melanistische Ringelnattern und zehn Würfelnattern. In dieser Freianlage mit dem größten Wasserteil wird man mit etwas Glück eines der Tiere beim Schwimmen beobachten können.

Im montanen Biotop daneben ist aus Bozener Quarzporphyr eine Blockhalde nachgebildet. Diese Höhenstufe zwischen der kollinen und alpinen

Eine vollkommen natürliche Inneneinrichtung (hier: mediterranes Terrarium) Foto: M. Hallmen

Zugang von oben durch Luken in der Abdeckung Foto: M. Hallmen

Stufe reicht in Höhen von 1.500–2.400 m. Neben Wacholder (*Juniperus* sp.), Felsenbirne (*Amelanchier ovalis*) und Federklee sind es vor allem Heckenrosen (*Rosa canina*) und Kratzbeeren (*Rubus caesius*), die den Pflegern wie in freier Natur den Zugang zu den Tieren erschweren. Doch die zwei Europäischen Hornottern und die sechs Aspisvipern sind ohnehin kaum auf die Hilfe der Pfleger angewiesen.

Am Ende der Fünferkette aus Reptilienfreianlagen findet sich mein persönlicher Favorit des Terrarienquintetts: Die alpine Anlage für die Kreuzottern bildet einen kleinen Gebirgsbach im Vorfeld eines Gletschers nach. Hatte man schon in den zuvor zu sehenden Einrichtungen die perfekte Illusion vollkommen naturbelassener Landschaftsausschnitte, so glaubt man beim Blick in diese Freianlage den kühlenden Fallwind der nahe gelegenen Gletscher zu spüren. Die fünf unterschiedlich gefärbten Kreuzottern genießen regelmäßig das Sonnenbad in der kärglichen Landschaft, in der sich nur einige Krähenbeeren (*Empetrum nigrum*), Rauschbeeren (*Vaccinium uliginosum*), Glockenblumen (*Campanula* sp.), Deutsche Enziane (*Gentianella germanica*), Wollgras (*Eriophorum* sp.) und *Erica*-Sträucher finden.

Vier der fünf Anlagen, die ca. 35 Jahre alt sind, wurden in den letzten zehn Jahren im Innenraum neu gestaltet. Lediglich die submediterrane Anlage wartet noch auf ihre Überarbeitung, doch das sieht man ihr keinesfalls an. Alle Tiere der Reptilienfreianlagen überwintern auch in diesen. In allen fünf Freianlagen sind je zwei dickere Röhren schräg in der Erde vergraben und münden in einen über 1 m tiefen Hohlraum, in dem sich z. B. Kies als Substrat für die Überwinterung befindet.

Die Zugänge in die Röhren sind abgedeckt, damit sich kein Regenwasser in der Überwinterungsvorrichtung sammelt. Wer genau hinsieht, kann feststellen, dass in vier der fünf Anlagen zahlreiche potenzielle Verstecke in den Felsen unauffällig mit Beton gefüllt sind. Dies geschieht, um den Schlangen nicht zu viele Versteckmöglichkeiten zu bieten, denn sie sollen sich ja auch noch den Besuchern zeigen. Die Fütterung vor allem der Mäuse fressenden Arten (einschließlich Perleidechse) erfolgt aufgrund negativer Erfahrungen ausschließlich nur noch mit toten Mäusen. Auf diese Art und Weise sind eine direktere Fütterung und damit eine bessere Kontrolle möglich. Krankheiten jedweder Art sind in den Freianlagen kein Problem.

Alle Freilandterrarien zählen wohl zum Feinsten, was Europa an Reptilienfreianlagen zu bieten hat. Sachkompetenz und Einfühlungsvermögen in die Bedürfnisse der Tiere, gepaart mit Liebe zum Detail, ließen hier fünf Anlagen entstehen, die ihresgleichen suchen. Die Reptilien sind wohl derselben Meinung, denn alle neun Arten danken die vorbildliche Haltung schon seit Jahren mit regelmäßigen Nachzuchten. Die Terrarien sind so naturgetreu gestaltet, dass selbst eine künstliche Inkubation bei den eierlegenden Arten entfällt.

Die Reptilienfreiterrarien sind für jeden Reptilienfreund ein unbedingt lohnendes Ausflugsziel, zumal für das kommende Jahr zwei weitere Anlagen für Mauergeckos (*Tarentola mauritanica*) und Europäische Eidechsennattern (*Malpolon monspessulanus*) in Planung sind.

Breite Glasfronten erlauben Einblicke auf Augenhöhe. Foto: M. Hallmen

Enorme Schneemassen im Winter Foto: Alpenzoo Innsbruck

Anschrift: Alpenzoo Innsbruck, Weiherburggasse 37, A-6020 Innsbruck / Tirol, Telefon: +43-512-292323.
Öffnungszeiten: Sommerzeit 9–18 Uhr, Winterzeit 9–17 Uhr (kein Ruhetag).

Weitere Informationen sind nachzulesen in: MARTYS (1996), HALLMEN (2002e).

Größe: 5 Terrarien zu je 4 x 5 m
Fundament: tiefgründige Betonfundamente **Umrandung:** gemauerte Wände, verputzt, oben nach innen gewölbt
Prädatorenschutz: Metallrahmen mit gummiertem Draht
Überwinterung: je 1 Überwinterungsschacht
Künstliche Wärmequellen: je 1 Spotstrahler und 1 Wärmelampe
Gehaltene Arten: *Elaphe longissima, Natrix maura, N. natrix, N. tessellata, Vipera ammodytes, V. aspis, V. berus*

Reptilienzoo Nockalm

Der Reptilienzoo Nockalm in Patergassen (Österreich) öffnete am 5.8.1995 erstmals seine Pforten für Besucher. Zuvor wurde die Genehmigung von der Landesregierung aufgrund der Gegebenheiten in einer Höhe von 1.070 m ü. NN nur unter der Auflage erteilt, dass alle Freilandterrarien über eine Bodenheizung (1.000–1.500 W) mit Fühler und Thermostat verfügen müssten. Insgesamt gibt es acht Freilandterrarien für Schlangen zu bestaunen. Sie sind zwischen 220 x 120 cm und 125 x 125 cm groß. Die Höhe der Umrandung beträgt 70 cm. Die Umrandungen auf der Nord- und Ostseite eines jeden Terrariums bestehen aus Eternit, um die Strahlung zu absorbieren und die Wärme zu binden. Die Süd- und Westwände bestehen aus Glas. Verbunden sind die Elemente über Winkel aus Aluminium. Unter jedem Freilandterrarium befindet sich ein 120 cm tiefes Fundament aus Beton. Der Zwischenraum ist mit Steinen, Erde, Bauschutt, Platten aus Marmor und Waschbeton u. Ä. aufgefüllt. Die Oberkante des Fundamentes ist gefliest. Die Umrandung steht auf den Fliesen. Jede Anlage ist mit einem Gitter abgedeckt, das aus einem Holzrahmen besteht, auf den verzinkter Draht mit einer Maschenweite von 6 mm gespannt ist. Er dient vor allem zur Abwehr von Greifvögeln und ist zur besseren Durchsicht schwarz lackiert.

Die Einrichtung der Freilandterrarien ist sehr naturnah. Sie ist den Biotopen der jeweiligen Schlangen nachempfunden. Häufig wurden Originalsteine und -pflanzen aus den entsprechenden Lebensräumen verwendet. Manchem Besucher scheint die Einrichtung sogar zu naturähnlich, denn wer die Anlagen nur eines kurzen ober-

Hoch in den Alpen gelegene Freilandterrarien für Schlangen. Foto: P. Zürcher

Naturnahe Einrichtung der Anlagen Foto: P. Zürcher

Sonne ist hier oben nicht immer so reichlich vorhanden. Foto: P. Zürcher

Die flachen Freilandterrarien sind mit schlangendichten Abdeckungen versehen. Foto: P. Zürcher

flächlichen Blickes würdigt, dem werden die Schlangen nicht gerade „ins Auge springen". Die behördliche Auflage zur Bodenheizung und sonstiger technischer Ausstattung erwies sich als komplett unsinnig. Zum einen war die Technik viel zu sensibel für die herrschende Witterung und funktionierte nur selten. Zum anderen klappt vor allem die Überwinterung am besten, wenn die Technik versagt (P. Zürcher, pers. Mittlg. 2002).

Der Schwerpunkt der in den Freilandterrarien gehaltenen Schlangenarten liegt auf den heimischen Tieren. In den reinen Artterrarien finden sich die Ringelnatter, Würfelnatter, Äskulapnatter, Alpenviper (*Vipera aspis atra*), Kreuzotter, Balkankreuzotter (*V. berus bosniensis*), Alpine Hornotter (*V. ammodytes gregorwallneri*) und die Südtiroler Hornotter (*V. a. ruffoi*). Die Fütterung erfolgt über tote Mäuse bzw. über tote Fische. Lediglich den Ringelnattern werden hin und wieder lebende Futterfische in die kleinen Teiche ihrer Anlage gesetzt. Die tiefgründigen Schichten aus groben Steinen unter der Anlage bilden eine Unzahl von Hohlräumen, die den Schlangen als Überwinterungsquartier dienen. Mitte November werden die Anlagen zusätzlich mit Brettern abgedeckt, auf die noch eine Folie verlegt wird. Dies dient in erster Linie als Schutz vor der z. T. immensen Schneelast aufgrund der Höhenlage im Gebirge. Bei Schneeräumungen des Vorplatzes wird zusätzlich Schnee als Isolierung um die Anlagen angehäuft. Die Erfahrung zeigt, dass alle Arten problemlos auch in dieser Höhe im Freien überwintern. Ein Beleg für die artgerechte Haltung sind regelmäßige Nachzuchten aller im Freiland gehaltenen Schlangenarten. Lediglich der Alpinen Hornotter scheinen die Sommer zu kurz, um ihre Jungen fertig zu entwickeln. Ihre Zucht erfolgt daher in Zimmerterrarien. Die Kreuzottern halten und vermehren sich im Freiland sehr gut. Die Jungen werden den ersten Winter in der Anlage belassen, da sie in Zimmerterrarien nicht ans Futter gehen. Erst im Folgejahr werden die Jungen aus der Anlage gefangen und separat aufgezogen. Bei allen anderen Arten erfolgt die Erstüberwinterung in Zimmerterrarien. Viele der Nachzuchten werden in Zusammenarbeit mit den Naturschutzbehörden ausgesetzt und dienen somit der Bestandserhaltung natürlicher Populationen.

Den Reptilienzoo Nockalm betraten bislang jährlich rund 10.000 Besucher. In Zukunft werden aufgrund infrastruktureller Änderungen im lokalen Tourismuswesen bis zu 25.000 Personen erwartet. Aufgrund der Reptilienhäuser kommen die meisten Besucher bei schlechtem Wetter. Damit sie in den naturnah angelegten Freilandterrarien auch im Hochsommer ebenfalls Schlangen zu Gesicht bekommen, werden die Anlagen an heißen Tagen zwei Mal gegossen. Daraufhin sind die Tiere zumindest für ca. 30 min zu sehen. Damit die Arten der Freianlagen auch bei regnerischem Wetter für die Besucher zu besichtigen sind, werden alle diese Schlangenarten zusätzlich in Innenterrarien in einem der Schlangenhäuser gezeigt. Die Erfahrung zeigt, dass viele Besucher immer wieder auf die Abdeckgitter der Anlagen klopfen, um die Schlangen zu Bewegungen zu veranlassen. Auch vor Diebstahl blieb der Reptilienzoo Nockalm bislang nicht verschont. Trotz Abdeckungen, die mit Schlössern versehen sind, wurden schon drei Terrarien „komplett ausgeräumt“. Dabei schienen für die „Sammler“ die Giftschlangen von besonderem Interesse.

Für alle an der Freilandterraristik Interessierten kann ein Besuch des Reptilienzoos Nockalm trotz einer auch ansonsten sehr schönen Urlaubslandschaft im Umfeld zum persönlichen Höhepunkt des Urlaubs werden.

Anschrift: Reptilienzoo Nockalm, Vorwald 23, A-Patergassen, Telefon: +43-4275-23165.
Öffnungszeiten: Juli–August 9–18 Uhr, November auf Anfrage, andere Monate 10–18 Uhr.

Weitere Informationen sind nachzulesen in: Zürcher (2002).

Größe: 8 Freilandterrarien von 220 x 120 cm bis 125 x 125 cm
Fundament: Beton, 120 cm
Umrandung: Eternit und Glas
Prädatorenschutz: verzinktes und schwarz lackiertes Metallgitter auf Holzrahmen
Überwinterung: in grobem Steinschutt, 120 cm unterhalb der gesamten Anlage
Künstliche Wärmequellen: – (Heizmatten meist abgeschaltet)
Gehaltene Arten: *Natrix natrix, N. tessellata, Elaphe longissima, Vipera aspis atra, V. berus, V. b. bosniensis, V. ammodytes gregorwallneri, V. a. ruffoi*

Zentrale Großanlage mit Bullaugen für Kinder Foto: U. Strathemann

Reptilienzoo Happ in Klagenfurt

Friedrich Happ reiste von 1969–1974 mit der Sonderausstellung „Lebende Schlangen" durch die großen Naturkundemuseen Deutschlands, Österreichs und der Schweiz. Im Jahr 1972 kam er mit dieser Ausstellung nach Klagenfurt, Österreich. Die Ersparnisse aus der Zeit der Wanderausstellung bildeten das Startkapital für die Erbauung des Zoos (Happ 2002). Heute ist der Reptilienzoo Happ in Klagenfurt (Österreich) eine der größten Anlagen ihrer Art in Europa. Hier leben u. a. 60 Schlangen-, 20 Schildkröten- und 20 Echsenarten. Insgesamt sind auf dem 4.000 m² großen Areal 1.000 Tiere anzutreffen. Eines der Ziele des Zoos ist es, den Menschen die Angst vor Schlangen zu nehmen und Vorurteile abzubauen (Happ 2002).

Er verfügt über acht Freilandterrarien für Reptilien, davon sind vier für Schlangen reserviert. Die Anlagen wurden 1975/76 erbaut. Die Großanlage von 20 x 6 m ist mit einer 120 cm hohen Umrandung aus Eternit umgeben. Nachträglich wurden Bullaugen aus Plexiglas für Kinder eingesetzt. Die drei kleineren Anlagen sind rund und bestehen aus Fertigbetonringen. Ihr Durchmesser beträgt 3–4 m. Sie sind 1 m tief in den Boden eingelassen und ragen noch 120 cm über ihn hinaus. Unter der Oberfläche im Inneren befindet sich eine 1 m dicke Schicht aus Schotter, der als Drainage fungiert. Nach unten werden die Ringanlagen von einem Boden aus Beton abgeschlossen, der Löcher zur Entwässerung aufweist. Am Rande findet sich in jedem der ringförmigen Freilandterrarien an einer kleinen Stelle eine Bodenheizung.

Die Innengestaltung aller Freilandterrarien ist sehr naturnah. So finden sich z. B. in der Großanlage zahlreiche Äste, Wurzeln, Steine, Grasflächen und einer kleinerer Teich darin. Auffällig ist ein über 3 m großer Strohhaufen. Er hat mehrere Funktionen: Zum einen dient er der Isolierung

Den Schlangen bietet sich eine Vielzahl an Versteckmöglichkeiten. Foto: U. Strathemann

der darunter liegenden Überwinterungsmulde, in der sich Steine, Wurzeln, Äste und Erde in unterschiedlichen Schichten befinden. Im Winter wird der Haufen zusätzlich mit Folie abgedeckt, da er sich in einer „Regenecke" des Geländes befindet. Damit es unter der Folie nicht zu warm und die Überwinterung der Schlangen dadurch nicht gestört wird, bedeckt man die Plane abermals mit Stroh. Im Sommer dient das Material als Eiablageplatz. In dem großen Haufen sind selten alle Eier zu finden – vor allem von der Äskulapnatter. Die auffindbaren Gelege werden aus dem Terrarium entfernt und künstlich inkubiert. Eine Überwinterung im Freien erfolgt nur in der Großanlage. Für alle Schlangen der Ringterrarien findet sie in einem frostfreien separaten Raum statt.

Nur zwei der vier Anlagen sind mit einen Nylonnetz abgedeckt (Maschenweite: 4 x 4 cm). Bei den Schlingnattern bestünde sonst die Gefahr, dass die Jungtiere von den vielen Elstern, Krähen oder Dohlen der Umgebung erbeutet werden. Auch die Jungen der Klapperschlangen könnten Beute der Vögel werden. Wenn diese sie dann außerhalb der Anlage fallen ließen, bestünde schnell erhebliche Gefahr für die Umgebung des Zoos. Daher ist auch diese Anlage dauerhaft abgedeckt. Mit den Vögeln hängt auch die Fütterungsweise der Schlangen zusammen, denn sie bekommen ausschließlich tote Futtertiere. Lebende Mäuse in der Anlage würden die genannten Vogelarten regelrecht anlocken. Lediglich für die aktiv lebende Beute jagenden Würfelnattern sind lebende Fische im Teich der Großanlage vorhanden. An jedem Samstag werden vor den Augen der Besucher die Ringelnattern von der Pinzette gefüttert. Die Tiere kennen die Futterstellen gut und suchen sie gezielt auf. Die Hornottern bereichern ihren Speiseplan gelegentlich durch unvorsichtige Finken oder Spatzen, die in die offene Anlage einfliegen.

Abdeckung der Anlage für die Klapperschlangen Foto: U. Strathemann

In der Großanlage tummeln sich ca. 60 Schlangen. Es werden alle Arten Österreichs bzw. Kärntens gezeigt: Äskulapnatter, Ringelnatter, Würfelnatter, Kreuzotter und Hornotter. Die Vergesellschaftung bereitet keinerlei Probleme. Anders sähe das bei der Schlingnatter aus, die deshalb ein eigenes Ringterrarium besetzt. Eine weitere Ringanlage zeigt Kornnattern (*Elaphe guttata*) und Vierstreifennattern (*E. quatuorlineata*). Eines der Freilandterrarien bietet vier Arten von Klapperschlangen: *Crotalus atrox, C. terrificus, C. durissus* und *C. vegrandis*. Die meisten der gehaltenen Schlangenarten vermehren sich regelmäßig. Die Nachzuchten der in Österreich beheimateten Arten werden regelmäßig in Zusammenarbeit mit dem Naturschutzbeirat von Kärnten in geeigneten Biotopen ausgesetzt, wodurch der Reptilienzoo Happ einen kontinuierlichen Beitrag zum Erhalt der Schlangenfauna Österreichs leistet. Dafür wurde der Zoo 1999 vom WWF (World Wide Fund for Nature) ausgezeichnet.

Die erhöhte Mitte präsentiert die Kornnattern auf gleicher Höhe zum Betrachter.
Foto: U. Strathemann

Die Erfahrungen mit Besuchern im Umgang mit den Tieren sind zumeist positiv. Dennoch musste z. B. die Anlage der Krokodile mit Plexiglas abgedeckt werden, weil Besucher immer wieder Münzen zu den Tieren warfen. Auf das Verhalten der Gäste wirkt sich sicherlich die auffällige und für

jeden deutlich sichtbare Präsenz von Videokameras aus, die das gesamte Gelände überwachen. Im Büro und an der Kasse wird auf Bildschirmen das Verhalten der Besucher kontrolliert und gegebenenfalls eingeschritten. Die abschreckende Wirkung der Kameras ist dabei durchaus beabsichtigt.

Ansonsten merkt man dem Reptilienzoo Happ im positivsten Sinne an, dass seine Besitzerin, Frau Helga Happ, ausgebildete Lehrerin ist. Der Zoo ist sehr familienfreundlich. Kinder können an allen Stellen gut in die Anlagen sehen. Es laufen viele Veranstaltungen zur Aufklärung der Bevölkerung über Schlangen und andere Reptilien. Jährlich besuchen 1.500 Schulklassen den Zoo. Schüler und Lehramtsstudenten nehmen regelmäßig an den Aussetzaktionen der überschüssigen Nachzuchten teil. Und so ist neben den vorbildlichen Freilandterrarien auch die Motivation der Betreiberin und ihres Teams, etwas gegen die zunehmende Naturentfremdung tun zu wollen, vorbildlich.

Anschrift: Reptilienzoo Happ, Villacher Straße 237, A-9020 Klagenfurt, Telefon: +43-463-234250. Öffnungszeiten: Ganzjährig täglich von 8–18 Uhr, außer 3 Wochen Urlaub im November.

Weitere Informationen sind nachzulesen in: HAPP (1995, 2002).

Größe: Großanlage: 20 x 6 m / drei Ringanlagen: Durchmesser von 3–4 m
Fundament: –
Umrandung: Großanlage: Eternit / Ringanlagen: Beton
Prädatorenschutz: nur über Ringanlage mit Schlingnattern und Klapperschlangen, Netz
Überwinterung: Mulde mit Füllung, darüber Stroh, darüber Plane, darüber Stroh
Künstliche Wärmequellen: eine Ecke der Ringanlagen mit leichter Bodenheizung
Gehaltene Arten: *Crotalus atrox, C. durissus, C. terrificus, C. vegrandis, Elaphe guttata, E. longissima, E. quatuorlineata, Natrix maura, N. natrix, N. tessellata, Vipera ammodytes, V. aspis, V. berus*

Die Anlagen sind von einem Draht-Netz-Käfig umschlossen. Foto: M. Hallmen

Reptilien-Zoo Scheidegg

Die Freilandterrarien des von Herrn und Frau Lücke geführten Reptilienzoos in Scheidegg wurden 1973 erbaut. Es befinden sich drei Anlagen unterschiedlicher Größe unmittelbar aneinander. An das zentrale Terrarium mit 80 m² grenzen zwei kleinere von je 10 m². Die Umrandungen bestehen aus 1 cm starken Eternitplatten. Sie ragen 1 m aus dem Boden heraus, in dem sie weitere 30 cm eingegraben sind. Stützpfeiler halten die Platten, ein weiteres Fundament existiert nicht. Unterhalb der Umrandungen befindet sich mittelgrober Schotter. Auf der Umrandung ist eine 25 cm breite Abweiskante fest verschraubt.

Im zentralen Großterrarium befinden sich die adulten Schlangen. Im Innenraum ist rund um das Terrarium entlang der Wand ein 1 m breiter vegetationsfreier Schotterweg angelegt, der bei den notwendigen Pflegearbeiten problemlos betreten werden kann. Im Zentrum dieses Freilandterrariums ist ein 1 m tiefer Betonteich von ca. 4 m

Durchmesser mit Riedgraszone und Seerosen angelegt. Der Rest des Bodens ist von einigen Büschen sowie Gras bedeckt. Beide müssen regelmäßig von Hand geschnitten werden.

Im Großterrarium sind viele Versteckmöglichkeiten eingebaut. Die Schlangen finden unter Steinen, Wurzeln, Rindenstücken der Korkeiche oder Holzspänen Unterschlupf. Es stehen ihnen auch zwei kleine Holzhäuschen (100 x 30 cm) zur Verfügung, die mit Laub und Rindenstücken angefüllt sind.

Scheidegg ist im Winter als Skigebiet bekannt. Folglich sind die Winter in 800 m ü. NN am Alpenrand entsprechend hart und lang. Die Überwinterung der Schlangen erfolgt oberirdisch. Im Herbst werden in der Anlage über 1 m hohe Haufen aus Laub aufgeschüttet, in denen geschichtete Äste für kleine Hohlräume sorgen. Diese Haufen werden z. T. noch mit Folien abgedeckt. Der meist recht üppige Schnee trägt ein Übriges zur Wärmeisolierung bei.

Da alle Tiere ganzjährig im Freilandterrarium gehalten werden und die klimatischen Verhältnisse Reptilien nicht eben schmeicheln, hält man in den Anlagen des Reptilien-Zoos nur Arten aus Mitteleuropa. Einzige Ausnahme innerhalb der acht Schlangenarten bildet die Gewöhnliche Strumpfbandnatter aus Nordamerika. In der Großanlage sind ca. 100 Tiere untergebracht. Dabei sind vier Arten von Giftschlangen der Gattung *Vipera* mit vier ungiftigen Arten der Gattungen *Elaphe*, *Natrix* und *Thamnophis* vergesellschaftet. Des Weiteren leben im selben Freilandterrarium noch adulte Smaragdeidechsen (*Lacerta viridis*) und einige Europäische Sumpfschildkröten (*Emys orbicularis*).

Eines der beiden kleineren Freilandterrarien dient der Aufzucht von Jungschlangen. Eier werden entnommen und künstlich inkubiert. Die Jungtiere der lebendgebärenden Arten werden soweit als möglich aus der Hauptanlage gefangen und in die kleinere Nebenanlage verbracht. Diese ist überall am Boden mit feinerem Kies bedeckt. Zahlreiche Steine sind zu kleinen Mauern aufgeschichtet, in deren Ritzen sich die Jungtiere gut verstecken können. Durch das Fehlen von Gras und Büschen ist die Anlage sehr übersichtlich und zur Jungenaufzucht gut geeignet. Lediglich eine klein gehaltene Fichte begrünt die Aufzuchtsta-

Großes Freilandterrarium für Schlangen aus Eternit Foto: M. Hallmen

Neben Schlangen finden sich in der Anlage auch Europäische Sumpfschildkröten. Foto: M. Hallmen

Die Umrandung hält einiges aus. Foto: M. Hallmen

tion. Auch die Aufzucht erfolgt artübergreifend. Einige Jungeidechsen werden ebenfalls zusammen mit den juvenilen Schlangen großgezogen. Die erste Überwinterung der Jungen erfolgt in einem kühlen, aber frostfreien Raum in den nahe liegenden Gebäuden des Reptilien-Zoos.

Der besondere Reiz des zentralen Freilandterrariums geht von seiner immensen Größe und der Vielzahl an Schlangen darin aus. Daraus ergeben sich immer neue und unterschiedliche Beobachtungsmöglichkeiten, wenn man um die Anlage geht. Dadurch, dass der Prädatorenschutz wie ein Käfig um die ganze Anlage herum gestaltet ist, nimmt man diesen innen dann überhaupt nicht mehr und schon gar nicht störend wahr. Fotografen – und nicht nur sie – kommen hier bei aufgehender Sonne voll auf ihre Kosten. Nebenbei: Dies war das erste Freilandterrarium für Schlangen, das ich in meiner Zeit als Reptilienfreund sah. Seine Existenz ist damit u. a. mit Schuld an diesem Buch!

Anschrift: Reptilien-Zoo Scheidegg, Scheidegg im Allgäu, Telefon: +49-8381-7449.
Öffnungszeiten: 1. April bis 30 September täglich von 9–18 Uhr, 1. Oktober bis 31. März von 10–12 Uhr und von 14–17 Uhr, Freitags und Samstags geschlossen.

Weitere Informationen sind nachzulesen in: Hallmen 1997.

Größe: Großterrarium: 10 x 8 m, 2 kleinere Terrarien: 4 x 2,5 m
Fundament: Schotterkörper, in dem die Umrandung steht
Umrandung: Eternitplatten
Prädatorenschutz: alle Anlagen sind von einen begehbaren Drahtkäfig umgeben
Überwinterung: Oberirdisch in großen Haufen aus Laub und Ästen
Künstliche Wärmequellen: –
Gehaltene Arten: *Elaphe longissima, Natrix tessellata, N. natrix, Thamnophis sirtalis, Vipera ammodytes, V. aspis, V. berus, V. ursinii*

Gitterhauben schützen die Tiere vor Unrat und Diebstahl. Foto: M. Hallmen

Wilhelma in Stuttgart

Die Stuttgarter Wilhelma ist ein bundesweit bekannter und renommierter Zoo. Zu seinem „Aquarium", in dem sich auch zahlreiche Terrarien befinden, gehören auch vier Freilandterrarien für Reptilien. Sie wurden 1967 erbaut und als sechseckige Grubenanlagen konzipiert. Alle sind prinzipiell baugleich, lediglich ihr Durchmesser unterscheidet sich: Drei der Sechsecke haben 3,5 m Durchmesser, eines weist 6 m als längste Strecke des Innenraumes auf. Die Kantenlänge der kleineren Anlagen beträgt 2 m. Das Fundament und die Wände der Freilandterrarien bestehen aus Beton. Die Umrandung ragt 40 cm über den Boden hinaus und bildet einen Sockel. Unter den Anlagen befindet sich jeweils eine dicke Schicht Kies als Drainage. Zur optischen Auflockerung sind die vier Anlagen in etwas unterschiedlichen Abständen zueinander unregelmäßig gegeneinander versetzt. An je eine Hälfte der Terrarien können die Besucher unmittelbar herantreten, die andere Hälfte grenzt an Grünfläche.

Grundsätzlich waren die Freilandterrarien in früheren Tagen oben offen und gewährten einen ungehinderten Einblick in die Grubenanlagen. In den 80er-Jahren jedoch mussten die Anlagen wegen zunehmender Diebstähle – auch von Giftschlangen – mit einer festen Abdeckung versehen werden. Aus schwarz gummiertem Maschendraht (Maschenweite: 1 x 1 cm) in einem ebenfalls gummierten Metallrahmen wurden optisch zu den Anlagen passende Hauben konstruiert. Alle Seitenteile der Abdeckungen verlaufen leicht nach innen über die Anlage geneigt. Oben befindet sich ein abschließendes Sechseck aus Maschendraht, das den Innenraum komplett sichert. Auf dem Sockel wurde rund um die Terrarien ein 20 cm hoher massiver Umlauf aus Stahl verschraubt, der

Meine Familie bewundert die Tiere. Foto: M. Hallmen

Seitlicher Zugang zu den begehbaren Anlagen
Foto: M. Hallmen

einen Abstand von ca. 20 cm zum Gitter der Abdeckungen hat. Auf ihn können sich die Besucher lehnen; er soll damit verhindern, dass sich die Gäste an das Gitter der Abdeckhauben stützen. Als Eingang dient ein Seitenteil des Abdeckgitters, das sich hochklappen lässt. In der Anlage kann ein Erwachsener bequem aufrecht stehen. Der Zugang ist mit einem Schloss gesichert.

Die Inneneinrichtung zeigt sehr naturnah unterschiedliche Biotoptypen. Wenngleich die Anlagen bepflanzt und mit ausreichend Unterschlupfmöglichkeiten in Form von Steinhaufen und Wurzelstumpen versehen sind, hält man doch einige Teile des Innenraumes frei von Vegetation, damit die Tiere in den Schauanlagen auch zu sehen sind. Eine der Anlagen ist als trocken-sandiges Balkanterrarium eingerichtet. In ihm sind Äskulapnattern (*Elaphe longissima*) mit Schelopusik (*Ophisaurus apodus*), Griechischen Landschildkröten (*Testudo hermanni*), Maurischen Landschildkröten (*T. graeca*) und Erdkröten (*Bufo bufo*) vergesellschaftet. In der einen feuchter gehaltenen Freianlagen leben Ringelnattern und Europäische Sumpfschildkröten (*Emys orbicularis*), in der anderen Würfelnattern, Wasserfrösche (*Rana esculenta*) und Smaragdeidechsen (*Lacerta viridis*).

Alle Terrarien verfügen über einen ca. 1 m² großen Betonteich; in der Anlage mit den Europäischen Sumpfschildkröten ist er größer. Ebenfalls in jedem Behälter sind Wärmelampen von 400 W in einer Höhe von 30–50 cm über aufgeschichteten Wurzeln und Steinen angebracht. Sie werden im Frühjahr und Herbst als Ergänzungswärme zugeschaltet. In den Freilandterrarien ist es durch die dicke Drainageschicht so trocken, dass im Hochsommer täglich gegossen werden muss. Die Reinigung erfolgt gleichfalls täglich mit einer Schaufel. Im Trockenterrarium wird einmal jährlich der sandige Bodengrund ausgetauscht. Im Terrarium der Ringelnattern muss man wegen der Europäischen Sumpfschildkröten das Wasser des Teiches zweimal wöchentlich wechseln; bei den anderen Teichen sind die Abstände größer. Die Wassernattern werden wöchentlich von der Zange mit kleinen toten Fischen gefüttert (Weißfische). Die Äskulapnattern erhalten im gleichen Zeitabstand tote Mäuse.

Die Überwinterung erfolgt meist in einem separaten Raum, in dem Becken mit einem Gemisch aus Perlit und Vermiculit als Bodengrund und einer Schicht Laub darüber zur Verfügung stehen. Die Überwinterungstemperatur beträgt dort 8–10 °C. Es gelingt jedoch selten, alle Tiere aus den Anlagen zu fangen. Die verbleibenden Exemplare werden dort überwintert. Dazu schichten die Pfleger Haufen von Platanenlaub in den Anlagen auf, die eine ausreichende Isolierung für die darunter überwinternden Reptilien liefern. Ein Problem speziell dieser Anlagen war die durch das Wachstum großer Bäume zunehmende Beschattung. Vor einigen Jahren mussten daher einige stattliche Platanen zugunsten der Sonneneinstrahlung gefällt werden.

Die Stuttgarter Wilhelma ist mit ihren vier Freilandterrarien einer der wenigen „normalen" Zoos (kein Reptilienzoo), der über solche Einrichtungen verfügt und Reptilien unter Freilandbedingungen präsentieren kann. Damit werden die Aquarien und Terrarien im Innern der Gebäude um eine für Freilandterrarianer unbedingt sehenswerte Attraktion bereichert.

Anschrift: Zoologisch-Botanischer Garten Wilhelma, Neckartalstraße , 70376 Stuttgart, Telefon: +49-711-5402-0.
Öffnungszeiten: 8.15–17.00 Uhr, ganzjährig.

Größe: 4 Sechsecke von 3,5–6 m Durchmesser
Fundament: Beton, 150 cm tief
Umrandung: Beton, 130 cm hoch
Prädatorenschutz: schwarz gummiertes Drahtgitter
Überwinterung: separat in kühlem Raum
Künstliche Wärmequellen: 400-W-Strahler
Gehaltene Arten: *Elaphe longissima, Natrix natrix, N. tessellata*

Massiv betonierte Grubenanlagen für Reptilien Foto: M. Hallmen

Freilandterrarium des Würfelnatterprojektes der DGHT

Dieses Freilandterrarium entstand auf dem Gelände des Hotels „Knorre" in Meißen an der Elbe während des Erprobungs- und Entwicklungsvorhabens „Würfelnatter", das die DGHT im Auftrag und mit Förderung des Bundesamtes für Naturschutz und der Umweltministerien von Rheinland-Pfalz und Sachsen durchführt. Es stellt eine Maßnahme zur Information der Öffentlichkeit und zur Lenkung interessierter Besucher dar. So wird verhindert, dass sie versuchen, im Gelände selbst Würfelnattern zu finden.

Das Freilandterrarium wurde im Sommer 2000 erbaut und im Mai 2001 erstmals mit Schlangen besetzt. Die Grundfläche der Anlage beträgt 6 x 3 m. Sie wurde an eine bestehende 2 m hohe Begrenzungsmauer angebaut. Die Umrandung der Anlage besteht aus L-Steinen aus Beton. Sie stehen auf der Erde, und ihr Fuß ist im Innenraum nach hinten ansteigend mit 30–80 cm Kies aufgefüllt. Der Kies dient als Drainage. Da die Innenseiten der L-Steine sehr rau sind und nicht sicher war, ob Schlangen sich daran hätten emporhangeln können, wurden sie mit Schleifmaschinen geglättet. Die Umrandung ist 1 m hoch. Das gesamte Freilandterrarium wird von einer massiven Abdeckung aus verzinktem Stahlgitterzaun mit einer Maschenweite von 10 x 5 cm überspannt. Die gröbere Maschendichte sollte es den Besuchern erlauben, die Tiere ohne störendes Gitter fotografieren zu können. Inzwischen wurden jedoch zusätzlich ein engmaschigerer Kaninchendraht sowie Plexiglas installiert, um die Anlage sicher vor Mardern und Wieseln zu machen. Das Terrarium musste jedoch nicht nur einbruchssicher sein, sondern in diesem speziellen Fall auch unbedingt ausbruchsicher. Entkommende Schlangen könnten sich mit den natürlichen Populationen mischen und so für die Einschleppung ortsuntypischen Genmaterials sorgen. Daher wurde rund um die Anlage von innen noch eine ca. 15 cm breite Abweiskante aus Aluminiumblech installiert. Das Freilandterrarium erhält ausreichend Sonne. Durch den morgendlichen Schattenwurf der Betonumrandung und die teilweise Beschattung ab dem späten Nachmittag durch eine Weide in der Nähe der Anlage entsteht eine sehr gute Mischung aus ausreichend Sonnen- und Schattenplätzen für die Tiere.

Die L-Steine aus Beton und der Fertigteich sind während der Bauphase deutlich zu sehen. Foto: A. Schmidt

Der Innenraum des Freilandterrarium ist mit vielen Steinen und Kies angelegt. In einer erhöhten Ecke der Anlage ist Erde aufgefüllt, in die sich die Schlangen bei Bedarf eingraben können. Die Zahl der Versteckmöglichkeiten ist ausreichend, aber begrenzt, da die Tiere für die Besucher zu sehen sein sollen. Es wurden zwei Teiche angelegt. Einer befindet sich im Hintergrund etwas erhöht, der andere am Fuß der Anlage. Beide sind mit einem kleinen Bachlauf verbunden. Das Wasser wird mittels einer Pumpe vom unteren Teil in den oberen Teich gepumpt, der als Filterteich dient. Entsprechend ist er mit zahlreichen Wasserpflanzen aus dem Gartenfachhandel ausgestattet. Ansonsten wurden keine weiteren Pflanzen in die Anlage gebracht. Die inzwischen entstandene schüttere Vegetation hat sich gänzlich natürlich angesiedelt. Ein unterirdisches Überwinterungsquartier konnte nicht angelegt werden, da der Untergrund sehr felsig ist und das Ausheben einer Höhle unverhältnismäßig aufwändig gewesen wäre.

In dem Freilandterrarium befinden sich acht Würfelnattern. Sie werden ausschließlich mit Weißfischen gefüttert, die in die Teiche eingesetzt werden und den Schlangen als Lebendfutter

Anlage unmittelbar nach Beendigung der Arbeiten Foto: A. Schmidt

dienen. Die Fische werden vom Anglerverein gestellt. Um die Fütterung kümmert sich eine Gruppe von Schülern aus der nahe gelegenen Pestalozzi-Schule. Aufgrund der fehlenden Überwinterungsmöglichkeit werden die Schlangen erst Ende April/Anfang Mai in das Freilandterrarium gesetzt. Ende September/Anfang Oktober werden sie wieder herausgefangen und in einem separaten Raum frostfrei überwintert.

Massiver Schutzzaun auf der Anlage Foto: A. Schmidt

Das Freilandterrarium des „Würfelnatterprojektes" ist Teil eines umfangreichen Konzeptes zur Öffentlichkeitsarbeit (Schmidt & Lenz 2001). Nur einige Meter von der Anlage entfernt ist eine große Schauvitrine mit Informationen zur Biologie der Würfelnattern und zum Projekt mit einem Lebensraummodell (Diorama) und einem Schaupräparat einer Würfelnatter eingerichtet. Weitere Informationstafeln sind im Gelände verteilt. Ein begleitendes Faltblatt sowie eine gesonderte kindergerechte Informationsbroschüre wurden entworfen. Darüber hinaus verstand man

Die Vegetation wird für die Würfelnattern bewusst schütter gehalten. Foto: A. Schmidt

es gut, Schülergruppen oder auch den Anglerverein mit in die Verantwortung für das Terrarium und damit auch für das Projekt zu nehmen. Insbesondere die Angler erwiesen sich im Gelände des Erprobungsgebietes als sehr wertvolle Unterstützung.

Der Bekanntheitsgrad und die Akzeptanz des „Würfelnatterprojektes" in Meißen sind erfreulich hoch. Das stete Bemühen der Verantwortlichen um ein Miteinander aller Interessensgruppen ging auf. Heute passen selbst Spaziergänger und Fahrradfahrer auf, dass keine unbefugten Personen die ausgewiesenen Ufer der Elbe betreten. Folglich ist Vandalismus an der Tag und Nacht frei zugänglichen Schlangenfreianlage unbekannt. Die in ihr gezeigten lebenden Würfelnattern leisten einen nicht zu unterschätzenden Beitrag dazu, Neugierige aus dem Gebiet fern zu halten und über die direkte Begegnung mit den Tieren Freunde für das Projekt zu gewinnen; ein Aspekt, der auch andernorts nachahmenswert erscheint.

Das Freilandterrarium geht nach Ablauf der Projektphase Ende 2002 in den Besitz des Umweltamtes Meißen über. Eine Arbeitsgemeinschaft wird für eine weiterhin kontinuierliche Betreuung der Anlage sorgen, die das Jahrtausendhochwasser im August 2002 an der Elbe trotz kompletter Flutung und enormen Wasserdrucks heil überstanden hat (Gruschwitz & Lenz 2002).

Weitere Informationen sind nachzulesen in: Schmidt & Lenz (2001), Schmidt (2002), Gruschwitz & Lenz (2002).

Größe: 18 m^2
Fundament: –
Umrandung: L-Steine aus Beton, verputztes Mauerwerk
Prädatorenschutz: Stabgitterzaun, Kaninchendraht, Plexiglas
Überwinterung: –
Künstliche Wärmequellen: –
Gehaltene Arten: *Natrix tessellata*

Zwei exotische Beispiele

Es bedarf keiner großen Fantasie, einige der hier gezeigten Freilandterrarien in wärmere Gefilde zu transferieren. Und in der Tat: Es gibt zahlreiche Freilandterrarien für Schlangen in allen Klimazonen der Erde, die grundsätzlich eine Freilandhaltung dieser Reptilien erlauben. Besonders reizvoll sind dabei subtropische und tropische Gefilde, denn dort steht ein weitaus größeres Artenspektrum für die Haltung im Freiland zur Verfügung als z. B. in Mitteleuropa. Doch auch hier ergeben sich spezifische Anforderungen und Probleme wie etwa die Gefahr der Überhitzung der Anlagen, der Schutz vor tropischen Starkregen oder die beschleunigte Korrosion verwendeter Materialien. Zwei Beispiele aus ferneren und wärmeren Regionen unserer Erde mögen die vorangegangenen Ausführungen ergänzen und abrunden.

„Snake Park" in Nairobi, Kenia

Das Freilandterrarium des Snake Parks in Nairobi (Kenia) durfte ich 1985 – lange vor meiner Zeit als Herpetomane und Serpentophiler – im Rahmen unserer Flitterwochen in Kenia und Tansania besuchen. Wenngleich schon lange her, erinnere ich mich dennoch jenes besonderen Reizes, unter tropischer Sonne Schlangen und anderen Reptilien quasi in der Natur, d. h. in einem natürlich gestalteten, großzügigen Freilandterrarium ohne hinderliche Barrieren zu begegnen. Vielleicht wurde ich ja bereits hier mit dem Virus infiziert, das erst viele Jahre später pathogen werden sollte.

Im Zentrum des Snake Parks erstreckt sich das Freilandterrarium – ein umgebauter Swimmingpool – 10 m in die Länge und 8 m in die Breite. 1985 waren die Wände noch mit blauen Kacheln verkleidet. Heute sind sie abgeschlagen, die Wände glatt verputzt und weiß gestrichen. Es handelt sich um eine Grubenanlage, deren ca. 80 cm unter dem Stand des Betrachters liegt. Die Umrandung hat eine Höhe von 120 cm. Der stellenweise rot durchschimmernde Boden der Anlage ist extrem verdichtet. Eine Drainage ist nicht vorhanden. Auch einen Schutz vor möglichen Fressfeinden gibt es nicht. Die Anlage steht den ganzen Tag über in der prallen Sonne. Rund um das Freilandterrarium führt ein überdachter und damit schattiger Weg die Besucher so, dass sie die Anlage von allen Seiten aus unmittelbar einsehen können.

Erdhügel mit Baumbewuchs in der Mitte des Freilandterrariums Foto: A. Hennig

Im Innenraum ist ein kleiner Hügel aus Erde (ca. 80 cm hoch) zur Mitte der Anlage hin aufgeschüttet. Auf ihm und an zahlreichen anderen Stellen des Terrariums befinden sich viele flache Steine, die zu kleinen Mauern aufgeschichtet sind. Sie dienen ebenso wie einige Wurzeln als Unterschlupf und Sonnenplatz zugleich. In das Terrarium sind einige Bäume und Sträucher mit zahlreichen Rankenpflanzen eingesetzt. Sie erreichen Höhen bis zu 4 m. Auch ein mannshoher Kaktus ist in die Anlage gepflanzt. Die hohe Vegetation spendet Teilen des Freilandterrariums den dringend notwendigen Schatten. Sie erlaubt dem Besucher aber auch Blicke auf Schlangen und Chamäleons in Augenhöhe. Einige Stellen sind von kurz gehaltenem Gras bedeckt. In einer halbschattigen Ecke ist ein kleiner, mit Zyperngras (*Cyperus alternifolius*) bepflanzter Betonteich als Wasserstelle eingerichtet. Im Gesamtbild zeigt sich das Freilandterrarium als gut und vielseitig strukturiert. Beleuchtungen oder sonstige künstliche Wärmequellen sind nicht vorhanden.

Die Fütterung der Schlangen geschieht über Frösche und Lappenchamäleons (*Chamaeleo dilepis*). Sie werden lebendig in das Terrarium gesetzt und manchmal von Pflegern mit einem Stab den Schlangen zum Fressen vors Maul geschoben. Die Futtertiere werden von Fängern im Umland von Nairobi erbeutet und für wenige Kenia-Schillinge an den Snake Park verkauft.

In dem zentralen Freilandterrarium befinden sich ca. 60 Schlangen, darunter zwei Boomslangs (*Dispholidus typus*), viele Dutzend von Sandrennnattern (*Psammophis* sp.) und einige *Philothamnus*-Vertreter. Die Schlangen sind vergesellschaftet mit Schildechsen (*Gerrhosaurus major*), einer Pantherschildkröte (*Geochelone pardalis*), einem Paar Spaltenschildkröten (*Malacochersus tornieri*) und einer Gelenkschildkröte (*Kinixys belliana*). Hinzu kommen noch besagte Futtertiere wie die Lappenchamäleons (*C. dilepis*) auf den Bäumen oder zahlreiche Frösche im und an dem kleinen Teich der Anlage. Vergleichswerte zeigen, dass der Anteil an Schildkröten in den letzten Jahren rückläufig ist (A. S. HENNIG, pers. Mittlg. 2002)

Neben den „normalen Reizen" eines Freilandterrariums für Schlangen hat diese Anlage den weiteren Vorzug, dass zusätzlich noch behäbig in den Ästen turnende Lappenchamäleons beobachtet und aus nächster Nähe fotografiert werden können. Der Snake Park ist mit seiner Lage unmittelbar gegenüber dem Nationalmuseum ein klassisches Ziel für Wochenendausflüge der Einheimischen. Auch für viele Schulklassen Nairobis gehört ein Ausflug dorthin zum Standardprogramm. Zahlreiche Verkaufsstände zeugen vom zuweilen sehr regen Treiben im Zoo. Wer in Nairobi ist, sollte über all dem auf seinen Safaris

***Psammophis*- und *Philotamnus*-Arten in der Anlage**
Foto: A. Hennig

zu sehenden Großwild der afrikanischen Savannen einen Besuch im Snake Park keinesfalls versäumen.

Weitere Informationen sind nachzulesen in:
HENNIG (2000).

Größe: 10 x 8 m
Fundament: Beton (ehemaliger Swimmingpool)
Umrandung: Beton, verputzt
Prädatorenschutz: –
Überwinterung: –
Künstliche Wärmequellen: –
Gehaltene Arten: *Dispholidus typus, Psammophis* sp., *Philothamnus* sp.

Chamäleon in den Bäumen als Futtertier Foto: M. Hallmen

Schlangenfarm „World of Snakes – El Mundo de las Serpientes“ in Grecia, Costa Rica

Die im mittelamerikanischen Staat Costa Rica gelegene Schlangenfarm „World of Snakes – El Mundo de las Serpentes“ wurde 1997 von den beiden Österreichern Robert Meininger und Marcel Goldmann gegründet. Sie widmet sich gleich mehreren Aufgaben. Ein wichtiger Zweig ist die Forschung. Derzeitiger Arbeitsschwerpunkt sind Fragen zum Parasitismus, die in Zusammenarbeit mit der Universität Kiel bearbeitet werden. Weiteres Standbein ist die Zucht z. B. von Grubenottern (Crotalidae), Boas (Boidae) und Nattern (Colubridae). Mit behördlicher Genehmigung durfte aus Panama die seltene Saboga-Boa (*Boa constrictor sabogae*) eingeführt werden. Dritter Schwerpunkt des Zoos ist die sehr umfangreiche Ausstellung von Schlangen. Den beiden Begründern gelang es, innerhalb von nur wenigen Jahren den größten Schlangenzoo Lateinamerikas aufzubauen.

Er liegt auf einer Höhe von 900 m ü. NN und erstreckt sich über ein Areal von 4,2 ha. Sämtliche Tiere leben ausschließlich in Freilandterrarien. In den beiden Schlangenhäusern findet die Zucht statt. In 34 Großterrarien und 9 kleineren Freianlagen ist eine Vielzahl von Schlangenarten untergebracht. Die Freilandterrarien im öffentlichen Schauteil des Geländes haben die Maße 3 x 1 x 1,5 m (L x B x H). Die ebenfalls im Freiland stehenden Zuchtterrarien haben Größen zwischen 1 x 1 x 1 m bis 4 x 4 x 2 m. Fast alle Terrarien sind als Schutz vor tropischen Regengüssen mit Wellblech überdacht. Die Fundamente der Freilandterrarien sind zumeist gemauert. Zwischen den Mauern befindet sich eine Drainageschicht aus groben Kieseln. Die Umrandungen der Anlagen sind aus Metallgitter, Glas und Mauerwerk gefertigt. In allen Anlagen wird stets nur eine Schlangenart gehalten. Jedes Freilandterrarium ist durch Schlösser gesichert. In allen Freilandterrarien befinden sich Lampen, die morgens und abends eingeschaltet werden. Aufgrund der Höhenlage sinken die Lufttemperaturen nachts merklich ab. Einige Terrarien sind daher mit zusätzlichen Heizmatten ausgestattet. Abflüsse sorgen zusätzlich zur Drainage dafür, dass die Tiere vor den Wassermassen der

Schauterrarien in tropischen Gefilden Foto: J. Penner

Aufzuchtterrarium für *Boa constrictor* Foto: J. Penner

Die Zuchtstation des „World of Snakes" Foto: J. Penner

tropischen Regenschauer geschützt sind. Die Dichtigkeit der Anlagen wird von Vertretern der Regierung regelmäßig kontrolliert.

Eine Besonderheit stellt die Gefahr von Ameisen in den Anlagen für die Schlangen dar. Darunter sind Arten, die die Schlangen bei lebendigem Leibe fressen. Das gilt vor allem für die Zuchtterrarien mit den kleineren Tieren. Daher ist um jedes dieser Freilandterrarien ein kleiner Wassergraben gezogen, der die Ameisen am Eindringen in die Anlage hindern soll.

Die Innenausstattung der Freilandterrarien besteht aus Pflanzen, hohlen Baumstümpfen, Bambusstücken und Steinhöhlen. Der Bodengrund besteht aus Kieselsteinen. Unterirdische Versteckmöglichkeiten sind nicht vorhanden. Deren Funktion erfüllen aus Draht, Gips und Steinen modellierte oberirdische Höhlen. Für die Wasserversorgung sorgt ein Becken aus Beton, das jeden Morgen mittels eines Wasserschlauches beim Spritzen der gesamten Anlage gefüllt wird. Die Fütterung der Schlangen erfolgt mit Mäusen, Ratten und Hühnern. Adulte Tiere werden alle zwei Wochen gefüttert, Jungtiere in kürzeren Zeitabständen. Futterpausen gibt es das ganze Jahr über nicht.

Die Schlangenfarm „World of Snakes – El Mundo de las Serpentes" beherbergt ca. 700 Schlangen aus 80 Arten. Am stärksten sind die Gattungen *Bothrops* und *Bothriechis* vertreten; die meisten Individuen sind von *Bothriechis schlegelii* vorhanden. Weitere wichtige Arten sind z. B. *Bothrops asper*, *B. colombiensis*, *Bothriechis nigroviridis*, *B. lateralis*, *Porthidium nasutum*, *P. ophryomegas* sowie *Boa constrictor*. Auch Seltenheiten wie *Lachenis stenophrys* oder *Agkistrodon bilineatus howardglodi* werden gehalten. Von den 700 Schlangen werden den Besuchern ca. 150 Tiere aus 49 Arten präsentiert. Die Öffentlichkeit darf die Schlangenfarm nur innerhalb einer Führung mit anschließendem Freigang durch das Gelände besichtigen. Führungen werden in Spanisch, Englisch und Deutsch angeboten und dauern je nach Interesse zwischen 1 und 2,5 Stunden. Ein Besuch dieser einzigartigen Sammlung von Schlangen lohnt unbedingt!

Weitere Informationen sind nachzulesen in: Fenske (2001), Penner (2001).

Größe: Viele Terrarien von 1 x 1 x 1 m bis 4 x 4 x 2 m
Fundament: Mauerwerk
Umrandung: Metallgitter, Glas, Mauerwerk
Prädatorenschutz: alle Anlagen mit Gitterdach geschlossen, Wassergraben als Ameisenschutz
Überwinterung: –
Künstliche Wärmequellen: Lampen in den Morgen- und Abendstunden
Gehaltene Arten: insgesamt 80

7. Literatur

BARTLETT, R.D. & TENNANT, A. (2000): Snakes of North America – Western Region: Gulf Publishing Company: 312 Seiten. Houston / Texas.

BOL, S. (1997a): The melanistic „Common Garter Snake“ (*Thamnophis sirtalis sirtalis*) in the outdoor terrarium (Part 1). – The Garter Snake, 2/97: 2–8.

- (1997b): The melanisitc common Garter Snake (*Thamnophis sirtalis sirtalis*) in the outdoor terrarium (Part 2). – The Garter Snake, 3/97: 8–22.

BRODMANN, P. (1987): Die Giftschlangen Europas und die Gattung *Vipera* in Afrika und Asien. – Kümmerley & Frey Verlag: 148 Seiten. Bern.

BRUECKERS, J. (1998): Palmen und andere exotische Pflanzen für das Schildkröten-Freilandterrarium. – REPTILIA, 3(6): 58-61.

DE SMEDT, J. (2001): Die europäischen Vipern – Artbestimmung, Systematik, Haltung und Zucht. – Johann De Smedt-Eigenverlag: 206 Seiten. Füssen.

DÜRR, P. (2000): Haltung und Zucht von *Coronella austriaca*. – Elaphe N. F., 8(4): 22.24.

EBERLING, G. (2001): Haltung und Vermehrung der Gelbkopfschildkröte, *Indotestudo elongata* (BLYTH, 1853). – Elaphe N. F., 9(2): 2-10.

FENSKE, R. (2001): Der Schlangenpark "World of Snakes“ in Grecia, Costa Rica. – RREPTILIA, 32: 80-82.

FILITZ, H. (2000a): Freilandterrarium für Smaragdeidechsen – Teil 1. – Datz, 5/00: 2-4 (inlay).

- (2000b): Freilandterrarium für Smaragdeidechsen – Teil 2. – Datz, 6/00: 4-5 (inlay).

GOMILLE, A. (2002): Die Äskulapnatter – *Elaphe longissima*. – Edition Chimaira: 158 Seiten. Frankfurt.

GRUBER, U. (1989): Die Schlangen Europas und rund ums Mittelmeer. – Franckh'sche Verlagshandlung: 248 Seiten. Stuttgart.

GRUSCHWITZ, M. & LENZ, S. (2002): Würfelnatter übersteht Jahrtausendflut an der Elbe. – Elaphe, 10(4): 40-44.

GRUSCHWITZ, M, P. M. KORNACKER, R. PODLOUCKY, W. VÖLKL. & M. WAITZMANN (Hrsg.) (1993): Verbreitung, Ökologie und Schutz der Schlangen Deutschlands und angrenzender Gebiete. – Mertensiella, Bd. 3: 431 Seiten. Bonn.

HALLMEN, M. (1997): The outdoor terrarium of the reptile zoo in Scheidegg (Germany). – The Garter Snake, 3/97: 2-7.

- (1998): The smelt *Osmerus eperlanus* as a prey fish for Garter Snakes of the Genus *Thamnophis* in the terrarium. – The Garter Snake, 1/98: 24-28.

- (2000a): Bau einer Schlangenfreianlage - Teil 1: Grundsätzliche Überlegungen. – REPTILIA, 25: 73-76.

- (2000b): Bau einer Schlangenfreianlage - Teil 2: Ausführung der Arbeiten. – REPTILIA, 26: 65-69.

- (2000c): *Thamnophis marcianus marcianus* über Winter in der Freianlage. – The Garter Snake, 4/00: 33.

- (2001a): Bau einer Schlangenfreianlage – Teil III: Erfahrungen. – REPTILIA, 6(1): 69-73.

- (2001b): Bau einer Schlangenfreianlage – Teil IV: Von Schlangen und Beton. Eine Glosse. – REPTILIA, 6(2): 77-79.

- (2001c): Zweite Überwinterung von *Thamnophis marcianus* in der Freianlage. – The Garter Snake, 3/01: 37.

- (2001d): Überwinterung einer Baby-Schlange im Freiterrarium. – The Garter Snake, 2/01: 49.

HALLMEN, M. (2001e): Ganzjährige Haltung von Strumpfbandnattern in einem Freilandgewächshaus. – The Garter Snake, 4/01: 7-15.

- (2002a): Nachzuchten in der Freianlage. – The Garter Snake, 1/02: 41.

- (2002b): Katze stiehlt Schlange aus Freianlage. – The Garter Snake, 1/02: 42.

- (2002c): Herbstprobleme mit Trächtigkeit in der Freianlage. – The Garter Snake, 1/02: 43.

- (2002d): Das Vario-Freilandterrarium – vielseitig einsetzbar. – The Garter Snake, 3/02: 18-20.

- (2002e): Terrarienschauanlagen – Alpenzoo Innsbruck. – Reptilia, 7(2): 81-83.

(in Vorb.): Temperaturmessungen in einem Freilandterrarium für Schlangen.

HALLMEN, M. & CHLEBOWY, J. (2001): Strumpfbandnattern. – Natur und Tier-Verlag: 191 Seiten. Münster.

HAPP, H. (1995): „Mensch – Schlange" – Begegnungen besonderer Art. – Carinthia II: 185(105): 101-125.

- (2002): Was man über Schlangen wissen sollte. – Eigenverlag: 67 Seiten. Klagenfurt, Österreich.

HAUT, L. (1997): Brauchen Tier- und Pflanzenhalter eine Rechtsschutzversicherung? – BNA aktuell, 3(4): 43.

HEIDT, H.B. (1983): Terrarienbau und -gestaltung – Das Freilandterrarium. – Sauria, 5(4): 25-34.

HENKEL, F. W. & SCHMIDT, W. (1997): Terrarien – Bau und Einrichtung. – Verlang Eugen Ulmer: 168 Seiten. Stuttgart.

- (1998): Gärten als Lebensraum für Frösche und Echsen. – Landbuch Verlag: 120 Seiten. Hannover.

HENNIG, A.S. (2000): Der Snake Park in Nairobi, Kenia. – REPTILIA, 5(6): 75-77.

HUTTER, C.-P. (1994): Schützt die Reptilien. – Weitbrecht-Verlag: 118 Seiten. Stuttgart.

JAHN, J. (1921): Das Freilandterrarium – Eine kurze Anleitung zum Bau, zur Einrichtung, Instandhaltung und sachgemäßen Besetzung und Pflege. – Albrecht Philler Verlag: 56 Seiten. Minden.

KÖNIG, D. (1985): Langjährige Beobachtungen an der Äskulapnatter *Elaphe longissima* (LAURENTI, 1768). – Salamandra, 21(1): 17-39.

KREYERHOFF, H. (2002a): Erweiterung einer Schlangenfreianlage für Strumpfbandnattern. – The Garter Snake, 1/02: 26-29.

- (2002b): Bei mir zu Hause. – The Garter Snake, 2/02: 35-37.

- (2002c): Aller guten Dinge sind drei – Bau eines Landschaftsterrariums (Freigehege) für *Thamnophis marcianus*. – The Garter Snake, 4/02: 12-15

MATTISON, C. (1999): Die Schlangenenzyklopädie. – BLV Verlagsgesellschaft: 192 Seiten. München.

MANTEL, P. (1987): Een buitenterrarium voor Europese hagedissen. – Lacerta, 44(12): 181-186.

MARTYS, M. (Hrsg.) (1996): Alpentiere im Alpenzoo Innsbruck Tirol. – Alpina Druck: 63 Seiten. Innsbruck.

MEHRTENS, J.M. (1993): Schlangen der Welt. – Franckh'sche Verlagshandlung: 463 Seiten. Stuttgart.

MÜLLER, V. & SCHMIDT, W. (2002): Schildkröten im Gartenteich. – Natur und Tier-Verlag: 112 Seiten. Münster.

MUTSCHMANN, F. (1995): Die Strumpfbandnattern Biologie, Vermehrung, Haltung. – Westarp Wissenschaften: 172 Seiten. Magdeburg.

NATURHISTORISCHE GESELLSCHAFT NÜRNBERG (2001): Freilandaquarium und Terrarium Stein – Faltblatt. Nürnberg.

ORTH, K. (2001): http://www.kreuzotter.purespace.de/freiland.htm.(Stand: Herbst 2002)

- (2002a): Einige Vipern aus Europa im Terrarium. – REPTILIA, 7(1): 26-30.

- (2002b): Aufzucht und achtzehnjährige Pflege einer Kreuzotter (*Vipera berus berus*). – REPTILIA, 7(1): 32-33.

PENNER, J. (2001): Der größte Schlangezoo Lateinamerikas – ein Praktikum im „World of Snakes" Grecia, Costa Rica. – Elaphe N. F., 9(4): 81-85.

RIECK, W. (2001): Das Terrarium – seine Entstehungs- und Entwicklungsgeschichte – Heizung und Beleuchtung: 659-680. In: RIECK, W. / HALLMANN, G. & BISCHOFF, W. (Hrsg.): Die Geschichte der Herpetologie und Terrarienkunde im deutschsprachigen Raum. – Mertensiella, 12: 759 Seiten. Rheinbach.

RÖSSEL, D. (1997): Giftschlangenhaltung – auch ein rechtliches Problem. – REPTILIA, 2(3): 6.

- (1998a): Tierhalterhaftpflichtversicherung für gefährliche Tiere. – REPTILIA, 3(2): 10.

- (1998b): Rechtliche Fragen der Giftschlangenhaltung: S. 35-40. In: Trutnau, L.: Giftschlangen

– Schlangen im Terrarium, Band 2. – Verlag Eugen Ulmer: 361 Seiten. Stuttgart.

- (2000): Rechtsfragen bei der Haltung von Reptilien: 30-49. In: RAUH, J.: Grundlagen der Reptilienhaltung. – Natur und Tier - Verlag: 215 Seiten. Münster.

ROSSMAN, D.A. / FORD, N.B. & SEIGEL, R.A. (1996) : The Garte Snakes : Evolution and Ecology. – University of Oklahoma Press: 332 Seiten. Norman und London.

SAINT-PAUL, A. de, I. BRAND & W. SCHMIDT (2002): Amphibien am Gartenteich. – Natur und Tier-Verlag: 104 Seiten. Münster.

SCHIEMENZ, H. (1995): Die Kreuzotter *Vipera berus*. – Westarp Wissenschaften: 108 Seiten. Magdeburg.

SCHIRMER, G. (2001): Vortrag anlässlich des 75-jährigen Bestehens – unveröffentlichtes Manuskript, Nürnberg.

SCHMIDT, A.D. (in Vorb.): Öffentlichkeitsarbeit im Artenschutz. – Aufgabe, Konstruktion und Bau einer Freianlage für Würfelnattern in Meißen an der Elbe. – Mertensiella, 15

SCHMIDT, A.D. & LENZ, S. (2001): Bericht zum Stand des Erprobungs- und Entwicklungsvorhabens „Würfelnatter“ der DGHT – Teil 1: Erprobungsstandort Elbe. – Elaphe N. F., 9(3): 60-66.

SCHMIDT, D. (1996): Wassernattern – Die Familie Natricinae. – bede-Verlag: 88 Seiten. Ruhmannsfelden.

- (2002): Faszination Giftschlangen. Pro und Contra Terrarienhaltung. – Draco, 3(4): 4–24.

SCHMIDT-LOSKE, K. (1998): Errichtung einer Freianlage zur Reptilienhaltung im Park des Museums Alexander Koenig in Bonn. – Die Eidechse, 9(3): 100-107.

SCHULZ, K.-D. (1996): Monographie der Schlangengattung *Elaphe* FITZINGER. – Bushmaster Publications: 459 Seiten. Berg / Schweiz.

STADELMANN, P. (1990): Gartenteich. – Gräfe und Unzer: 143 Seiten. München.

STANGE, E. (2002): Bau unseres Freilandterrariums. – The Garter Snake, 3/02: 25-34.

STASZKO, R. & WALLS, J.G. (1991): Das große Buch der Kletternattern. – bede-Verlag: 191 Seiten. Ruhmannsfelden.

STETTLER, P.H. (1991): Die Waldsteppenotter, *Vipera nikolskii* – Beobachtungen in meinem Freiluft-Terrarium. – Referat zur DGHT-Jahrestagung, unveröffentlicht.

STRATHEMANN, U. (1986): Erfahrungen mit *Thamnophis butleri* während ganzjähriger Freilandhaltung. – Sauria, 8(1): 5-6. Berlin.

- (1995a): Freilandhaltung nordamerikanischer Wassernattern der Gattungen *Thamnophis* und *Nerodia*. Teil I: Planung, Anlage und Bau der Freianlage. – Sauria, 17(1): 31–34.

- (1995b): Freilandhaltung nordamerikanischer Wassernattern der Gattungen *Thamnophis* und *Nerodia*. Teil II: Erfahrungen mit *Thamnophis* und *Nerodia*. – Sauria, 17(2): 15–23.

- (1995c): Freilanderfahrungen mit der Nordwestlichen Strumpfbandnatter *Thamnophis ordinoides*. – Elaphe N. F., 3(2): 20–21.

- (1997): Die Chicago-Strumpfbandnatter *Thamnophis sirtalis semifasciatus* (COPE 1892) – auch im Gewächshaus ein dankbarer Pflegling. – Elaphe N. F., 5(3): 19–20.

- (2000a): Die „Folienheizung“ – Eine einfache und preiswerte Möglichkeit zur Wärmeergänzung für Schlangen-Freianlagen. – The Garter Snake, 4/00: 26-29.

- (2000b): Herpetofotografie: ABC der Reptilien- und Amphibienfotografie für Einsteiger und Fortgeschrittene. – REPTILIA, 24: 63–69.

- (2001a): Tödlicher Unfall einer jüngeren Chicago-Strumpfbandnatter (*Thamnophis sirtalis semifasciatus*) im Teich der Freianlage. – The Garter Snake, 4/01: 42

- (2001b): Erfahrungen zur Haltung von *Thamnophis marcianus* über Winter in der Freianlage. – The Garter Snake, 1/01: 4.

- (2001c): Das Gewächshaus als interessante Möglichkeit zur Haltung von Schlangen. – REPTILIA, 6(4): 65-68.

- (2002): „Die Folienheizung“ eine einfache & preiswerte Möglichkeit zur Wärmeergänzung für

Freianlagen. – REPTILIA, 7(2): 75-77.

TENNANT, A. & BARTLETT, R.D. (2000): Snakes of North America – Eastern and Central Regions. - Gulf Publishing Company: 587 Seiten. Houston / Texas.

TRUTNAU, L. (1998): Giftschlangen – Schlangen im Terrarium, Band 2. – Verlag Eugen Ulmer: 361 Seiten. Stuttgart.

WIJK, A. van (2001): Dobbelsteenslangen in een buitenterrarium. – Literatura Serpentium, 21(2): 35-39.

WILKE, H. (1991): Der Naturteich im Garten – Naturparadies mit heimischen Pflanzen und Tieren. – Gräfe und Unzer: 63 Seiten. München.

WÖLFEL, H. (2001): Freilandaquarium und Terrarium Stein. – REPTILIA, 6(2): 80-81.

ZÖLLNER, K. (2002): Kombination aus Freiland- und Zimmerterrarium. – The Garter Snake, 4/02: im Druck.

- (in Vorb.): Ein Freilandterrarium auf dem Garagendach.

Weitere Informationen

Vereinigungen:

Deutsche Gesellschaft für Herpetologie und Terrarienkunde (DGHT)
Geschäftsstelle, Postfach 1421, D-53351 Rheinbach
Tel.: 02225/703333, Fax: 02225/703338
E-Mail: gs@dght.de, www.dght.de

Europäische Strumpfbandnatternvereinigung (European Garter Snake Association = EGSA)
Kontaktadresse: Udo Karkos,
Villemomble Straße 43, D-53123 Bonn
E-Mail: Hallmen@t-online.de, www.egsa.de

Zeitschriften:

REPTILIA, Terraristik-Fachmagazin
Herausgeber: Natur und Tier - Verlag GmbH
An der Kleinmannbrücke 39/41, D-48157 Münster
Tel.: 0251/ 143953, Fax: 0251/ 143955
E-Mail: verlag@ms-verlag.de, www.ms-verlag.de
Erscheinungsweise: zweimonatlich

DRACO, Terraristik-Themenheft
Bezug wie REPTILIA
Erscheinungsweise: dreimonatlich

elaphe, Salamandra
Zeitschriften der DGHT, die alle Mitglieder kostenlos erhalten
Erscheinungsweise: vierteljährlich

DATZ
Die Aquarien- und Terrarienzeitschrift
Herausgeber: Verlag Eugen Ulmer GmbH & Co.
Postfach 700561, D-70574 Stuttgart (Hohenheim)
Erscheinungsweise: monatlich

Sauria
Herausgeber: Terrariengemeinschaft Berlin e.V.
Geschäftsstell: Barbara Buhle
Planetenstr. 45, D-12105 Berlin
Erscheinungsweise: vierteljährlich

herpetofauna
Herausgeber: herpetofauna-Verlags GmbH
Römerstr. 21. D-71384 Weinstadt
Erscheinungsweise: zweimonatlich

Untersuchungsstellen für Kotproben, Abstriche, verendete Tiere etc., z. B.:

1. Exomed – Am Tierpark 64, D-10319 Berlin
2. GEVO Diagnostik – Jakobstr. 65, D-70794 Filderstadt
3. Universität München, Institut für Zoologie, Fischereibiologie und Fischkrankheiten der tierärztlichen Fakultät, Kaulbachstr. 37, D-80539 München
4. Justus-von-Liebig-Universität Gießen, Institut für Geflügelkrankheiten, Frankfurter Str. 87, D-35392 Gießen.

NTV